乡村景观发展与规划设计研究

——以鲁中山区为例

吕桂菊　著

山东工艺美术学院资助项目
山东省高水平应用型专业环境设计专业群项目成果
2017年山东省社会科学规划项目成果（17CLY17）

中国水利水电出版社
www.waterpub.com.cn
·北京·

内 容 提 要

本书从乡村景观概念切入，明确了乡村景观共性特质以及个性特质的界定方法，在此基础上提出山区乡村景观发展模式的内容、特征及实施路线，同时提出5种典型性乡村景观，并结合鲁中西营镇乡村实例，提出基于景观特质的乡村景观规划设计方法，验证理论的可行性，完善研究的系统性。

本书适用于大专院校城市规划、风景园林和建筑学等相关专业的师生参考，也可供乡村规划设计、建设和管理人员参考，同时也可作为对乡村规划建设领域感兴趣的各界人士的参考读物。

图书在版编目（CIP）数据

乡村景观发展与规划设计研究 ：以鲁中山区为例 / 吕桂菊著. -- 北京 ：中国水利水电出版社，2019.3
ISBN 978-7-5170-7395-6

Ⅰ. ①乡… Ⅱ. ①吕… Ⅲ. ①乡村—景观设计—研究—山东 Ⅳ. ①TU986.2

中国版本图书馆CIP数据核字(2019)第025385号

书　　名	**乡村景观发展与规划设计研究——以鲁中山区为例** XIANGCUN JINGGUAN FAZHAN YU GUIHUA SHEJI YANJIU——YI LUZHONG SHANQU WEILI
作　　者	吕桂菊　著
出版发行	中国水利水电出版社 （北京市海淀区玉渊潭南路1号D座　100038） 网址：www.waterpub.com.cn E-mail：sales@waterpub.com.cn 电话：(010) 68367658（营销中心）
经　　售	北京科水图书销售中心（零售） 电话：(010) 88383994、63202643、68545874 全国各地新华书店和相关出版物销售网点
排　　版	中国水利水电出版社微机排版中心
印　　刷	清淞永业（天津）印刷有限公司
规　　格	184mm×260mm　16开本　11印张　268千字
版　　次	2019年3月第1版　2019年3月第1次印刷
印　　数	001—500册
定　　价	**58.00**元

前言

乡村作为中国大地最为久远的基本单元，记载了中华大地几千年的变迁史，如今，在社会主义新农村、美丽乡村及乡村振兴政策引导下，我国乡村建设实践和理论研究如火如荼地展开。当前乡村景观研究中，就研究地理区域看，对于山东地区尤其是山东山区乡村的研究较少；就研究方向看，针对乡村发展模式与规划设计的研究较少，尤其缺少以山区乡村景观特质为基础的景观发展模式和规划设计研究。

以鲁中地区山区乡村为研究对象，以景观生态学理论、景观安全格局理论、空间再生理论、城市意向理论和环境心理学理论等为理论依据，采用田野调查与案头研究相结合、理论研究与实证研究相结合、内核与整体研究相结合、特质评价与感知评价相结合等研究方法，形成本书如下主要研究结论：

（1）以乡村景观的功能分类为依据，明确了鲁中山区乡村景观的形式、功能、组成、体量、材料和尺度，并提出生态自然性、功能实用性、经济单一性、文化生活性、形式差异性和格局积聚型等多方面的共性特质，是对乡村景观地域特色的补充和完善，为乡村景观的传承创新发展提供理论基础。

（2）运用层次分析法和德尔菲法并结合鲁中山区乡村景观实际情况，构建了用以界定乡村景观个性特质的评价方法，通过指标的横向和纵向评价比较，发现不同乡村在功能指标上的强弱不同，每个乡村都有固属的个性化景观特质。这种特质是乡村景观功能区分的重要依据，也是确定乡村景观发展模式的重要依据，这种方法可用于相似地域的乡村景观特质评价。

（3）通过对不同使用群体的感知评价分析比较，发现不同使用群体对乡村的感知结论是不同的，分析结果有利于构建让原住民和新住民都易于识别的乡村标志、节点、巷道和面域，为乡村景观结构规划提供依据。

（4）提出鲁中山区乡村群景观的发展模式：以乡村群为宏观发展对象，整合群体优势资源，以乡村个体为微观发展对象，强化个体特色资源，以乡村个性特质和共性特质为发展内核，以形象更新为形式重点，以乡村感知要素为空间重点，以空间再利用为功能重点，以原住民和新住民为服务对象，以景观个性特质、主体功能、发展模式、规划设计为实施路线，创造具有时代特征又联系历史和未来的多元化乡村景观群落。

（5）基于鲁中山区乡村群景观的发展模式提出生态康养型、文化感知型、种植观光型、居住民宿型和艺术表达型五种典型性乡村景观。

本书的出版，对于我国乡村景观发展与规划设计具有一定的指导意义，提出了乡村景观个性特质评价的方法和多样化乡村景观群的实施方法。同时，依据前期的理论研究进行了实证规划设计，提出了群体、个体的规划设计方案，为其他类似区域的乡村景观建设提供参考。

本书的出版特别感谢山东省高水平应用型立项建设专业（环境设计专业群）项目的支持，感谢山东工艺美术学院学术著作出版基金的资助。

由于经验有限，书中难免出现不妥之处，希望广大读者指正。

作者

2018 年 12 月

目录

第1章 引言

1.1 我国乡村景观建设的社会背景

作为一个农业大国，中国的农业经济社会发展是整体经济社会稳定健康发展的关键因素之一。然而在城乡二元结构下，严峻的“三农”（农业、农村、农民）问题成为我国社会主义现代化建设实现的突出难题。为此，中共中央在1982—2018年期间先后20次发布以“三农”为主题的中央一号文件，强调了“三农”问题在中国社会主义现代化时期“重中之重”的地位。其中，2013—2018年的中央一号文件愈发体现出乡村景观在解决“三农”问题中的重要性（表1.1）。

表1.1 2013—2018年中央一号文件乡村景观建设的特色内容

时间	“三农”为主题的中央一号文件	乡村景观建设的特色内容
2013年	《关于加快发展现代农业进一步增强农村发展活力的若干意见》	建立“家庭农场”
2014年	《关于全面深化农村改革加快推进农业现代化的若干意见》	划定生态保护红线，建立可持续发展机制；通过美丽乡村建设，建设农民美好生活的家园
2015年	《关于加大改革创新力度加快农业现代化建设的若干意见》	推进农村一二三产业融合发展；加大农村基础设施建设力度；全面推进农村人居环境整治
2016年	《关于落实发展新理念加快农业现代化实现全面小康目标的若干意见》	大力发展休闲度假、旅游观光、养生养老、创意农业、农耕体验、乡村手工艺等；发展具有历史记忆、地域特点、民族风情的特色小镇；建设一村一品、一村一景、一村一韵的魅力村庄和宜游宜养的森林景区
2017年	《关于深入推进农业供给侧结构性改革加快培育农业农村发展新动能的若干意见》	以融合发展的基本思路推进乡村发展；通过“旅游＋”“生态＋”等模式，推进农业、林业与旅游、文化、康养等产业深度融合
2018年	《中共中央国务院关于实施乡村振兴战略的意见》	因地制宜发展乡村特色文化产业；尊重自然，营造乡村生态大环境；传承发展乡村文化与农耕文明；塑造美丽乡村新风貌

“建设社会主义新农村”是在2005年10月党的第十六届五中全会通过的《中共中央关于制定国民经济和社会发展第十一个五年规划纲要的建议》中首次提出。以“生产发展、生活宽裕、乡风文明、村容整洁、管理民主”为新农村建设方针，自此，新农村建设作为解决“三农”问题、加速农业现代化的战略性措施，在全国范围内拉开了序幕。

“美丽中国”是2012年11月中央十八大报告中首次作为执政理念出现。强调生态文明建设必须融入经济建设、政治建设、文化建设、社会建设的全过程。乡村是中国生态文明的发源地和主要载体，所以“美丽中国”在很大程度上指向美丽乡村，2013 的中央一号文件中，提出了要建设“美丽乡村”的奋斗目标。

2012 年中央十八大报告中提出“新型城镇化”的道路。新型城镇化是以城乡统筹、城乡一体、产城互动、节约集约、生态宜居、和谐发展为基本特征的城镇化，是大中小城市、小城镇、新型农村社区协调发展、互促共进的城镇化。新型城镇化着眼农民，涵盖农村，实现城乡基础设施一体化和公共服务均等化，促进经济社会发展，实现共同富裕。国务院总理李克强强调推进城镇化必须传承自身的文脉，重塑自身的特色。

2017 年 10 月习近平总书记在党的十九大报告中首次提出“乡村振兴战略”，2018 年 2 月乡村振兴战略作为中央一号文件发布，乡村振兴战略在新农村建设方针基础上提出“产业兴旺、生态宜居、乡风文明、治理有效、生活富裕”的乡村振兴总要求。其中，产业兴旺是重点，生态宜居是关键，乡风文明是基础，治理有效是保障，生活富裕是目标。乡村振兴战略必须是经济、文化、生态、生活、管理全方位的振兴，才能实现乡村的真正振兴，实现乡村的可持续化发展，才会让农业成为有奔头的产业，让农民成为有吸引力的职业，让农村成为安居乐业的美丽家园，乡村景观应从产业、生态、乡风、治理、生活的总要求着手。

从“社会主义新农村”到“美丽乡村”到“新型城镇化”再到“乡村振兴战略”的提出，国家将乡村放在了同城市平等的地位，甚至高于城镇发展的地位，乡村振兴战略有望完成破除城乡二元体制的历史任务，开启城乡关系的新时代。国家层面对乡村建设提出了许多具体的发展思路和意见，仅 2016 年国家就出台了《全国休闲农业发展“十二五”规划》《全国农村经济发展“十三五”规划》《农业部关于休闲农庄的建设指导意见》《关于加快发展健身休闲产业的指导意见》《农村一二三产业融合发展规划（2016—2020 年）》《关于加快美丽特色小镇建设的指导意见》《关于支持返乡下乡人员创业创新促进农村一二三产业融合发展的意见》《关于组织开展国家现代农业庄园创建工作的通知》等相关意见。强调乡村发展必须是一二三产业的融合发展，提出“乡村＋”发展模式，重视城市功能乡村化，乡村在原来生产功能基础上融入现代农业、有机农业、创客、种植、养殖、手工业、旅游业、养生度假、养老康体、体育休闲、农家乐、民宿等多种产业，把乡村发展成为农业强大、农村美丽、农民富裕、基础设施完善、乡风文明、村容整洁的新乡村。

1.2　我国乡村景观建设现状及原因

在美丽乡村和乡村振兴社会背景下，乡村景观直接体现出乡村建设的重要内容和成果。处在不同地域的乡村却有着相同或者相似的标志性景观、形式相同的“新”民居、黑白灰的色彩、城市化的材料、规整式的布局、非遗大师的表演、破损的山体、凋零的植物、阻断的河流。乡村建设切断了祖祖辈辈传下的居住方式和生活习惯，忽略了当地人的生活生产，失去了乡村原有的质朴和自然。

乡村景观现状是由于对土地的尊重不足、对主体的认定不对、对特色的理解不全、对专业的掌握不佳等多方面原因综合形成的，而缺乏具有针对性特殊地域范围的乡村景观规划设计理论和规范是造成乡村景观建设问题的主要原因（图 1.1）。

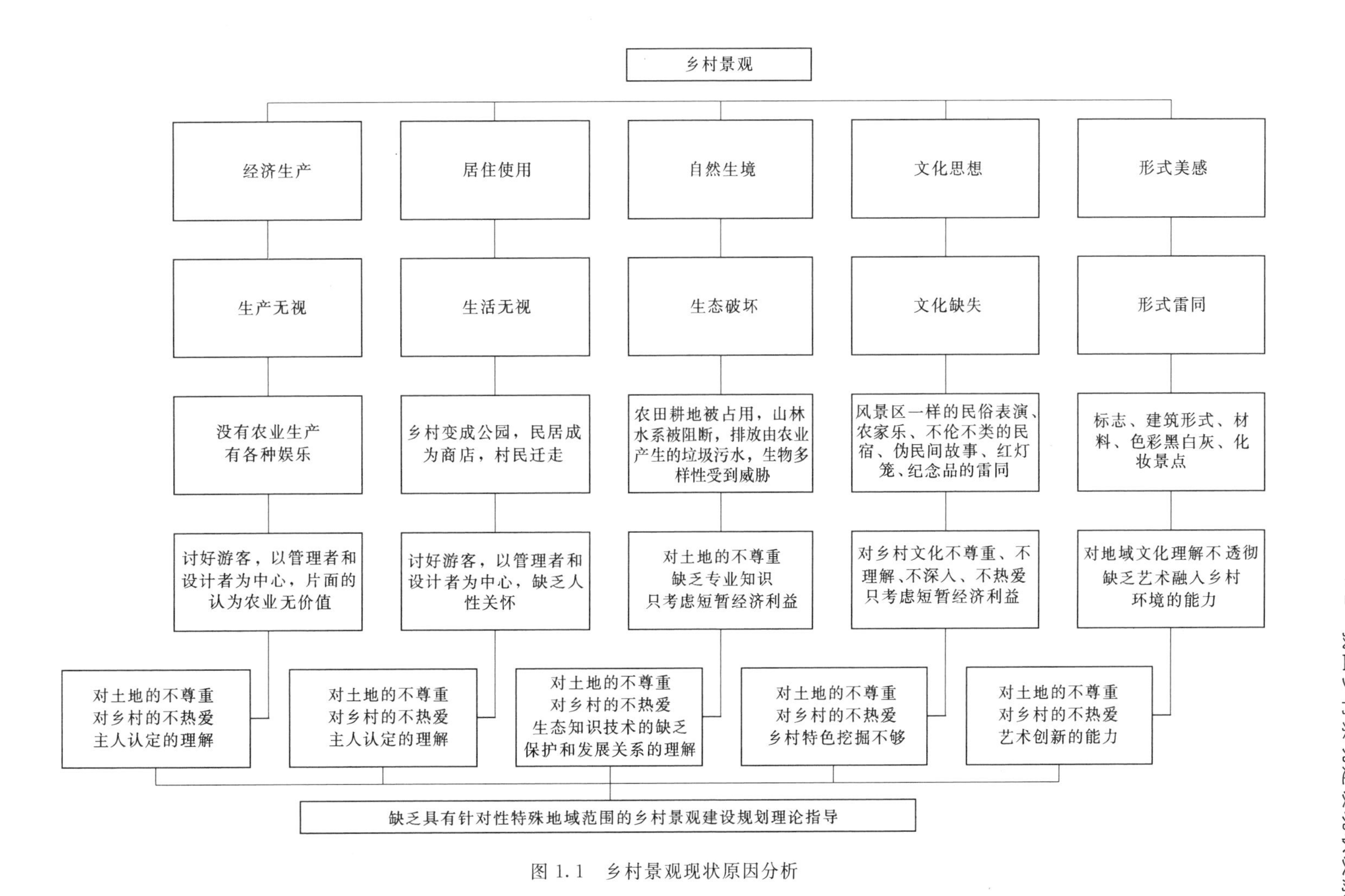

图1.1 乡村景观现状原因分析

目前，乡村景观规划和建设整体落后于城市，乡村规划设计方法主要沿用城市体系，乡村建设往往盲目照搬城市空间格局或者完全复制传统乡村形态，呈现出生态、文化、形态、生产的无序混乱。我国为加强村庄、集镇的规划建设管理，改善村庄和集镇的生产生活环境在1993年制定了《村庄和集镇规划建设管理条例》；2007年为了加强城乡规划管理，协调城乡空间布局，改善人居环境，促进城乡经济社会全面协调可持续发展而制定《中华人民共和国城乡规划法》，包括城镇体系规划、城市规划、镇规划、乡规划和村庄规划；2014年住房和城乡建设部为明确乡村建设规划实施的范围、内容、规范和程序制定了《乡村建设规划许可实施意见》，这些政策的制定对于乡村规划建设起到了积极的作用。

1.3 国内外相关研究综述

乡村景观是包含农业生产、居住生活、自然生境、精神文化和格局形态的复合型系统，涉及地理学、生态学、景观学、社会学、建筑学等多学科的知识整合，先从学科分类的角度进行乡村相关研究内容的梳理，再重点对景观学的研究内容进行不同研究方向的梳理。

1.3.1 国外相关研究

1. 社会学的研究视角

社会学是系统地研究社会行为与人类群体的学科，乡村便是人类群体聚居环境的方式，展示所在区域的历史、文化、地域等社会信息，属于社会学科的研究范畴。盖迪斯（苏格兰）19世纪末在《进化中的城市——城市规划与城市研究导论》提出两大理论：①区域规划理论，强调注重保护地方特色，把自然地域作为规划的基本骨架；②将区域规划理论与社会学研究相结合出“地点-工作-人”空间模式，开启了运用社会学研究环境规划的先河。其中对乡村景观影响比较重要的社会学研究主要有：21世纪以阿摩斯·拉普卜特（美国）（2007）为代表的理论学家提出的文化变异影响下的乡村发展新趋势；藤井明（日本）（2003）在《聚落探访》中提出传统聚落是长期发展而形成的景观形象、空间形态、生活习惯、民风民俗、场所精神，聚落呈现出基于不同地域特色和日积月累的生活习惯而形成的不同景观形象，例如托拉加族聚落的硕大屋顶象征船只，牛形山墙是权利的象征，鸡形的山墙表达守护的美好愿望；Peter和James（1997）从社会学角度探讨乡村社会是怎样改变当地居民所生存的景观与环境；Gobster 、Nassauer、Danisl（2007）研究乡村景观的社会模式和过程；Naveh（1995）从社会文化角度来探讨乡村景观变化的动力机制；Paquette（2001）对农业耕作方式变化带来的新乡村景观格局进行了探讨；Isabelle和Sabin（1997）的研究表明传统文化继承、政局稳定、市场发展、社会结构、人口密度和农业技术是乡村景观变化的主要人文因素。

2. 地理学的研究视角

地理学很重视乡村空间分布规律，将乡村放在空间关系中去考察，主要以人、区域和空间3个层面为主。最早通过地理学研究乡村的德国地理学家科尔在1841年的《人类交通居住与地形的关系》（宋金平，2001）中分析了乡村不同的格局形态与交通、居住、区

位、地形的关系。地理学对乡村的研究方法由开始的定性到后期的定量转变；由早期的描述环境到后期的分析环境转变；由早期的单方面研究到后期的综合研究转变，包括区位、原因、过程、类型、职能、结构、形态、空间，甚至建筑构法与气候、植物生态及建筑材料之间的关系等。

地理学视角下乡村的研究对乡村景观影响深远，德国城市地理学家克里斯塔勒（2010）提出的“中心地理论”，系统分析了中心地的功能、服务半径、交通作用、分布方式、规模大小，这有助于乡村景观的中心确立及周边辐射的范围及分布形态；邦斯的《都市世界的乡村聚落》（李红波等，2012）开启了乡村景观的定性与定量研究；布伦斯基尔（英国）的《乡土建筑图示手册》（李晓峰，2004）引领了从乡村环境的气候、光照、区位、风向、土壤等自然因子界定乡村建筑和景观。

3. 建筑学的研究视角

20世纪50—60年代开始以乡土建筑的研究视角研究乡村。美国伯纳德·鲁道夫斯基的《没有建筑师的建筑》（2011）对乡村景观影响最为重要，他强调乡村研究应是地理、文化、生态、社会等不同学科专业的交互研究，认为当地的村民最熟知乡村，他们与乡村常年的相处磨合中掌握了用茅草、石材、砖头、土木等当地材料和最适用的技术，构造出贴切地方光照、自然、气候、道路、农业用地等完美的地方性的作品。

4. 景观学的研究视角

（1）景观演变。近年来，在西方，农业似乎主宰了乡村景观的改变。Hannes（1998）对4个不同时段的56个区域的乡村景观土地利用数据和一系列历史地图以及卫星图片，采用12个指标进行研究后的结果表明：土地利用格局的变化并没有和景观多样性变化同步。Roberts（2016）对古往今来的乡村聚落演变过程进行了一系列系统性的探讨，并选取了3种典型村落：农业、牧业和采矿地域，从时间、自然环境、规模、文化背景和人们对景观感受的敏感度方面对村落的演变进行了阐述。Paquette与Domon（2003）和Hanns（2010）的研究发现土地利用格局发生很大变化，但景观多样性变化很小。Lipsky（1995）认为土地利用数据仅能提供景观大尺度的变化，不能够清晰地阐述乡村景观演变，反而是微观结构的空间排列、形状、质量和连通性，以及它们之间相互的细微作用才是乡村景观演变中的重要因素。

（2）景观美感与功能。众多学者对乡村景观美感的研究兴趣随着乡村旅游业的发展逐渐变得浓烈。相对于人文景观来说西方人更心仪自然景观。Arriaza和Canas（2004）以地中海地区的两个乡村为例进行了研究，结果显示乡村景观视觉质量与区域大面积的原始景观、保护较好的人文景观、区域植被覆盖度、水域面积总量、山峦的出现和景观中色彩反差有着很大关系。对乡村景观功能的研究内容颇多，Ahern（1991）在乡村景观结构功能评价的基础上，建立耦合景观结构和功能；Pickett与Rogers（1997）指出可通过景观斑块的动态演变分析来反映其景观结构和功能的转变；Willemen（2008）、Holmes（2006）、Rengting（2009）研究认为乡村发展一定是多功能型的发展；Verburg（2008）、Chan（2006）、Egoh（2008）等人分析了各景观功能（服务）间的空间关系；Burhard（2012）、Tallis与Polasky（2009）构建了生态系统格局研究功能之间的关系。

（3）景观生态。如今，发展生态农业、绿色农业、可持续农业等已然成为全球农业发展主流，如何最大程度的减少对生态环境的破坏成为研究的重要课题（孙艺惠等，2008）。Ammon（2004）进行了国家管理政策对城市扩张的相关研究调查，其研究结果表明一个相对成熟并且尺度适当的国家管理政策在乡村生态保护方面有显著作用。Ruda（1998）提出，要实现可持续发展的乡村和健康的乡村生活，必须在地区的自然、人文、建筑环境等方面对整个乡村进行复兴，其中重中之重是保护乡村聚落，注重自然与建筑环境的和谐、保护历史风俗、尊重传统的村落外观、民俗生活和价值观念，找寻整个村落的个性，布局村落的结构（周心琴等，2005）。欧洲的发达国家在乡村景观规划中贯彻生态学原则，著名捷克斯洛伐克生态学家 Ruzicka 和 Miklos（1982）提出景观生态规划理论与方法体系；Forman（1995）提出基于生态空间理论的景观规划；Linehan 等（1995）强调通过规划生态网络等方式增加区域连通度、提升生物承载力和保护区域生物多样性，从而保障乡村景观的可持续发展。

（4）景观评价。Goodey（1995）对英国景观质量进行了评价研究，主要有景观的资源型、美学质量问题、空间统一性、景观本身的保护价值以及社会认同感等方面。Gulinck（2001）和其他相关学者以在西班牙的 Madrid 地区为范例，从土地的多样性、完整性以及视觉质量 3 个层次对土地的覆盖率和利用率做了调查，选取生态恢复潜力、土地利用适宜程度、破碎程度、物种种类丰富程度、是否具有旅游潜力等方面对景观进行评价。国外学者 Bojnec（2013）、Gobster（2007）、Ruiz（2012）等以心理学与景观美学结合的研究为主要探索方向，通过建立以环境管理为基础的专家评价体系和以人的心理感受为核心的美感评价体系来对景观进行美化并且为景观规划提供参考依据。

（5）景观规划。欧洲在乡村景观规划与保护方面起步较早，在 Agnoletti（2006）、Arriaza（2004）、Dorresteijin（2013）、Pintocorreia（2000）等学者的研究下拥有较为完善的景观规划体系和法律保障机制。Forman（1995）根据北美与西欧地区生态建设和土地利用相关研究的经验，得出了最佳的一种以生态空间理论的集中和分散结合形成的景观规划模拟形态以及生态土地组合，被称为“可能景观设计”。约翰·O·西蒙兹在《大地景观：环境规划指南》（2008）指出乡村景观特色的形成综合了乡村地理、人文、土壤、地形、地貌因子，城市的发展规划必须与乡村规划建设同步进行，保护农业用地，禁止将农业用地用于其他类型的开发。英国相关景观设计者通过对乡村景观特征要素的评价，考虑如何挖掘与保护乡村景观的特色。“国际土地多种利用研究组”提出以“空间概念”和“生态网络系统”等方法来描述多目标的乡村土地利用规划。可见，欧美的乡村景观规划侧重景观的功能性、生态性和美观性，并且强调公众参与。早在 1947 年，英国的《城乡规划法案》就正式提出规划公众参与理念。近年来，随着 Raymond（2016）、Lokoca（2011）、Plieninger（2015）提出的景观管护理念，公众在乡村景观保护与规划中的角色越发重要。

另外，在过去几十年中，景观感知研究成为一个十分活跃的领域，国外比较有代表性的研究有：Robert（2002）对新英格兰地区 173 个乡村居民进行调查后发现那些被保护起来的开敞空间与和谐的乡村景观在人们感知中占据着重要的分量。Janes（1997）发现人们对于身边的道路、空间、民居等微观尺度的变化相对宏观格局的尺度反映强烈且及时。

1.3.2 国内相关研究

1. 地理学的研究视角

地理学视角下的乡村研究侧重于不同地域及空间结构划分的乡村文化和自然特征。1936年竺可桢在《气候与人生及其他生物之关系》(张清平，2012)中分析研究了气候对中国南北民居的影响，这是地理学视角下最早的乡村研究。之后国内以地理学切入乡村的研究颇丰，出现了大量的著作：《农村聚落地理》(金其铭等，1999)、《中国乡村地理》(陈兴中等，1989)、《文化与地方发展》(周尚意，2000年)、《文化区域的分化与接合》(张晓虹，2004)等著述，主要研究了当地的地理环境和文化对乡村地形、特点和结构的影响。近期主要的研究有田万顷等(2011)在《中国农村城镇化与乡村地理学研究进展》中从聚落、景观、城市化、旅游等6个方面的乡村形态上分析了新世纪以来乡村地理学与国内农村城镇化建设的研究内容，同时结合国内乡村景观建设形式对未来行业发展进行了展望。谢敏等(2016)在《传统乡村地域文化景观保护研究》提出采用"基因·句法"的规划思想和"整合、传承、更新、提升"的规划思路，对传统地域文化景观进行保护更新。张祥永等(2017)在《生态文明建设视域下海南传统村落景观特征与文化传承研究》中对海南省传统村落的地域分布情况与乡村地域性、文化性和感知性的关系进行了系统的分析。

2. 社会学的研究视角

社会学视角研究乡村的开启以费孝通为代表，他对中国乡村进行了大量的实地调查。《江村经济》(2016)(第一版1930年)是人类学实地调查和理论工作发展中的一个里程碑，综合研究了中国的农村、农业和农民的情况。费孝通先后出版10本左右和乡村有关的著作，其中《乡土中国》(2016)(第一版1947年)总结了中国乡村的特征如"男女有别""熟人社会""长老社会"等。20世纪80年代以来，社会学的视角对乡村的研究侧重于以日常的角度切入，例如熊培云(2011)《一个村庄里的中国》等。最新成果包括，2017年陈潇玮在"浙北地区城郊乡村产业与空间一体化模式研究"中提到以乡村产业结构调整为导向的空间规划方法，强化了农村产业结构调整中规划的引导作用；2015年杨忍等在"基于格网的农村居民点用地空间指向性的地理要素识别"中强调，推进乡村良性转型发展及空间优化重组的地域模式和科学途径要以人地关系地域系统理论为指导。

3. 建筑学的研究视角

我国建筑学领域对乡村的研究，主要体现在以民居建筑为切入点对乡村展开的由整体到细节研究，基本分为3个阶段，见表1.2。

2010年以来建筑学视角进行的乡村研究方向多样化。北京建筑大学欧阳文(2010)、西安建筑科技大学李岳岩(2007)、天津大学席丽莎(2008)等学者致力于民居建筑地域特色与传承方向的研究；王景慧(2003)、阮仪三、王林(1999)和清华大学教授陈志华、楼庆西、李秋香组创的"乡土建筑研究组"(2007)等主要研究乡村动态保护与发展；华中师范大学曾菊新(2001)、云南工学院车震宇(1998)等学者针对不同地域的乡村发展演变与更新提出现代设计方法；浙江大学贺勇(2005)、王竹(2004)、宁夏大学燕宁娜(2016)等学者选取村民主体认知为视角研究乡村的建设规律、原则、理念和方法；西安建筑科技大学成立绿色建筑研究中心，刘加平教授(2011)、周若祁教授(1999)、张群教

表1.2　　我国建筑学对乡村的研究三阶段

阶段	时间	研究内容	代表学者与论著
一	1930—1980年	以考据为主，对民居进行史料分析与调研	《西南古建筑调查概况》（刘敦桢，1987）、《中国住宅概况》（刘敦桢，1987）
二	1980—1990年	以研究民居内涵为主，突显其社、史料价值	《中国居住建筑简史》（刘致平，2000）、《浙江民居》（李秋香，2010）
三	1990年至今	注重多学科交叉性研究，重点是空间结构、空间分布和聚落形态	《中国民居建筑》（戴志坚，2009）、《乡土建筑——跨学科研究理论与方法》（李晓峰，2005）、《传统村镇聚落景观分析》（彭一刚，1992）、《湘西城镇与风土建筑》（魏挹澧、方咸孚、王齐凯，等，1995）、《云年民居住屋文化》（蒋高宸，2016）、《湖南传统民居》（黄家瑾、邱灿红，2006）

授（2017）以西北传统乡村建筑为研究对象探讨新民居生态建筑模式，提出绿色建筑体系和并行式绿色建筑设计的理论和方法。

4. 景观学的研究视角

以乡村景观为切入点对乡村展开的研究较晚，侧重于多学科的融入研究，研究方向多样，包括乡村规划原理和方法、乡村空间研究、乡村景观评价体系、乡村景观特征功能、乡村生态安全、乡村旅游规划等。

（1）景观空间。最早的研究是20世纪80年代的乡村空间构成，比较有代表性的是东南大学段进教授对西递、宏村两个古村落的空间结构、组成、布局、特征的研究，并出版《世界文化遗产西递乡村空间解析》等多部乡村空间著作（2006）。黄震方、陆林等（2015）侧重于研究乡村的具体类型的空间，如：街巷空间、文化空间、历史空间、建筑空间以及拥有水口园林、书院园林和宅院园林等园林情调的园林化乡村空间。环境心理学的人类行为过程模式研究（胡正凡，1995）认为，人类偏爱含有植被覆盖的、水域特征的、视野穿透性的、复杂性和神秘性的，有秩序的、连贯的、可理解的和清晰的乡村空间。

（2）景观生态。研究乡村景观生态安全是实现乡村可持续发展的重要一环。以景观生态学为基础理论，主要应用景观生态安全格局的分析方法，确定水系、山体、农田、林地、湿地等生态因子的最低限度保护线，保护及维护生态环境。中国农业大学刘黎明（2011）教授针对不同地域乡村研究乡村景观生态安全的原则和方法，并以此为参考依据进行乡村规划。低碳乡村作为当下发达地区乡村人与自然和谐相处、社会平稳进步、经济持续发展的有益探索，是实现乡村生态可持续发展的重要途径。王竹等学者（2016）从7个方面分析了低碳视角下乡村主要困境，提出了优化长三角地区乡村低碳规划、建设、管理的基本策略。

（3）景观旅游。当下乡村旅游迎来了全盛时代，社会充斥着各种主题的乡村游，乡村如何发展旅游实现乡村经济文化社会的和谐发展是近年主要的研究方向。刘滨谊教授（2016）通过大量实践研究提出了景观规划设计三元论、旅游规划三元论以及三力（吸引力、生命力、承载力）理论。王云才等（2016）指出我国乡村发展中最为关键的环节是乡村聚落景观的规划，同时（王云才，2005）立足于中国乡村旅游发展实践，从加强特色、挖掘文化、强化基地的新理念出发，提出了主题农园、主题博物馆、主题文化村落、企业庄园和产业庄园5种乡村旅游发展的新形态和新模式。衡阳师范学院的刘沛林教授

(2012)在乡村旅游研究中引入“意象”概念和生物学相关概念，对传统乡村景观基因和旅游进行结合研究。华中农业大学郑文俊学者(2007)以乡村旅游的视角进行乡村景观吸引力评价和旅游提升路径研究。邱云美教授(2009)认为发展乡村养生旅游有利于乡村生态环境保护，实现乡村生态和民俗等资源向资本转换，促进乡村基础设施改善，留住乡愁、彰显各乡村特色，并通过生态旅游资源评价体系发现大气质量、旅游资源以及水体质量是居于前3位的重要影响因子。

(4)景观演变。不少学者借助数学统计分析工具和地理信息系统研究乡村景观的特征和演变规律。清华大学陈英瑾学者(2012)构建景观特征评估工具并进行乡村景观特征评估，建立“乡村景观特征评估-乡村景观政策分类-乡村景观要素分类-乡村景观规划内容”的结构框架。山东农业大学于东明教授(2011)以山东省淄博市峨庄乡为例进行山区乡村景观演变研究，借助地理信息系统分析不同时期的乡村斑块演变的规律并进行原因分析。金日学等(2016)对苏北地区乡村聚落的村地关系、空间形态展开调查和研究，从人地互动角度分析了乡村聚落在形成、发展、停滞和转型的各个过程中空间形态的演变。张甜(2016)认为乡村生产、生活、生态空间重构是中国乡村发展转型的重要途径，借助生态学领域中的恢复力相关概念阐释乡村空间演变过程。郜红娟等(2016)运用GIS技术和景观分析软件，对山区不同地貌的公路沿线乡村聚落景观格局变化进行研究。

(5)景观评价。景观评价分为单一景观评价和综合景观评价。对于单一景观评价，谢花林(2003)等从景观自然性、环境状况、奇特性、视觉多样性、有序性、运动性等角度，运用模糊综合评判模型，对北京市海淀区温泉镇白家疃村进行景观美感评价；郑文俊(2013)借助灰色关联分析法从自然性、有序性、多样性、奇特性和文化性等5个方面构建乡村景观美学质量评价体系和评价程序，并将其运用在柳州市7处典型乡村景观旅游地的实证分析中；李玉新(2010)借鉴层次分析法和模糊评价法对乡村旅游生态化程度进行评价。对于综合景观功能评价；刘滨谊与王云才(2002)构建了一套包含可居度评价、可达度评价、相容度评价、敏感度评价、美景度评价等5个方面21个指标的乡村景观评价体系；陈威(2007)、谢志晶与卞新民(2011)等则从吸引力、生命力和承载力等3个角度来综合评价乡村景观；张茜(2016)在村镇尺度开展了景观特征与质量的评价方法和应用研究，并基于景观特征评价提出了村镇景观管护策略；肖禾(2014)在不同尺度乡村生态景观评价与规划方法研究中指出不同尺度下的乡村特征应有不同的评价体系；刘文平和宇振荣(2016)利用GIS空间分析和多种数量统计分析手段对北京市海淀区景观进行了定量聚类分析，对景观特征类型的空间分布特征进行了评价，认为景观特征评价是当前中国城镇化背景下识别地域景观特征、防止景观同质化、促进景观保护与发展的一种有效手段。

(6)景观特征。地域特征是特定区域土地上自然和文化的特征，它包括在这块土地上天然的由自然成因构成的景观，也包括由于人类生产生活对自然改造形成的大地景观，这些景观不仅是历史上园林风格形成的重要因素，也是当今风景园林规划与设计的重要依据和形式来源(林箐，2005)。通过对场地研究实现景观保护、景观修复和景观转换，从而形成场地的地域特征，维护中国景观多样性与独特性(王向荣，2016)。学者们尝试了多种方法进行地域特征的研究，有的通过建立特征评估工具对乡村进行特征评估(陈英瑾，

2012)，有的运用从感知到认知的研究方法构建乡村地域特征（徐姗，2013)，有的通过构建网络的方法确立乡村地域特征（吴必虎，2017)，有的结合规划实践的方法进行乡村地域特征的应用与补充（刘玮等，2017)。中国农业大学张茜学者（2016）认为景观特征与质量评价是乡村景观建设的重要依据，在村镇尺度开展了景观特征与质量评价方法和应用研究，并基于景观特征评价提出了村镇景观管护策略。

（7）景观功能。近几年学者们倾向于乡村景观多功能研究，由于研究角度不同，景观功能的划分也会略有差异。郑文俊（2013）从乡村旅游的角度出发，将乡村景观功能分为生态、生产、游憩和美学功能；王云才与刘滨谊（2003）从景观规划角度将其细分为经济功能、自然生态功能、社区文化功能、空间组织功能、资源载体功能与聚居功能。高宁（2012）等从多功能农业角度探讨乡村地区的发展；刘黎明等（2006）指出应针对各个乡村景观的实情，确定各自相应的乡村景观主导功能，并兼顾其他功能；林若琪与蔡运龙（2012）认为塑造乡村地域多功能的潜在动力和机制可能来源于乡村景观的多功能性；刘玉与刘彦（2012）通过对国内外乡村地域多功能研究进行梳理与分析，指出在城乡转型发展的背景下，应当进一步构建并完善乡村地域多功能性研究的理论构架，并基于多功能评价的土地利用配置进行系统研究。

（8）景观规划。乡村的景观规划更多的是规划原则和结构布局的研究。中国农业大学刘黎明教授（2003）提出了新农村景观规划的理论与模式。福建农林大学黄斌（2012）在“闽南乡村景观规划研究”评价指标体系和现状问题的基础上提出不同类型农业景观和居住生活景观的规划方法；浙江大学孙炜玮（2014）以浙江地区乡村为例基于整体性的理念提出了乡村景观规划设计应重视格局的生态性、内容的系统性、利益的共生性、过程的控制性；中国农业大学佘慧容（2017）提出快速城镇化背景下的乡村景观规划原则和保护机制；山东工艺美术学院温莹蕾（2016）以山东朱家峪村为例提出文化空间理论视角下的乡村发展路径；同济大学王敏等（2017）引入生态审美理论，提出基于生态审美双目标体系下的乡村景观风貌规划的技术途径；北京林业大学李翅与吴培阳（2017）从产业发展类型和乡村景观建设的角度出发，提出产业类型特征导向的乡村景观规划策略，认为融合乡村景观基础上的乡村产业发展才有利于实现乡村地区的可持续发展；张琳（2017)、张晓燕（2017)、时培文（2017）等专家学者针对不同地域乡村景观提出适宜的规划设计策略和方法。

近年，诸多学者表现出对山区乡村的研究兴趣，王建辉（2007)、李威等学者（2008）提出山地城镇空间的主要特征；黄欣等学者（2015）探寻南方山地住区碳排放量与规划要素相关关系，并筛选关键要素与指标提出南方住区发展策略；钟学斌等学者（2008）总结了丘陵山区土地利用的景观空间格局形态。张萍等学者（2014）在充分调研基础上提出了豫北山地民居形态特征。洪惠坤、谢德体等学者（2016）以西部山区重庆乡村空间为研究对象，构建乡村空间多功能评价指标体系，将乡村空间多功能划分为农业生产功能、经济发展功能、生态保育功能、生态稳定性功能、社会保障居住家园功能 5 种子功能。鲁中山区地势复杂，气候多变，可利用耕地紧张，分布有大量的乡村。当下对鲁中山区乡村的研究主要体现在传统民居调查（刘修娟，2015)、民居保护（逯海勇等，2016)、民居形态（胡海燕，2017)、民居文化（翟飞，2011)、山区气候（张可欣，2009)、山区植物（张永利，

2005）等方面。

综合国内、外的相关研究发现（图 1.2），从学科领域来看，乡村研究经历了从早期的地理学、社会学、建筑学等单一学科为主导，以风景园林为主体的多学科交叉的方向发展，而这种多学科交融有力地推动了乡村景观研究。清华大学景观教授杨锐（2016）对于成都龙门山三坝乡林盘乡村研究中运用地理信息与空间规划设计理论相结合，将量化的地理信息与多尺度空间及要素紧密结合，确定研究对象的边界，综合叠加乡村“山、水、林、田、路、居”6 项景观规划要素形成乡村规划设计依据。

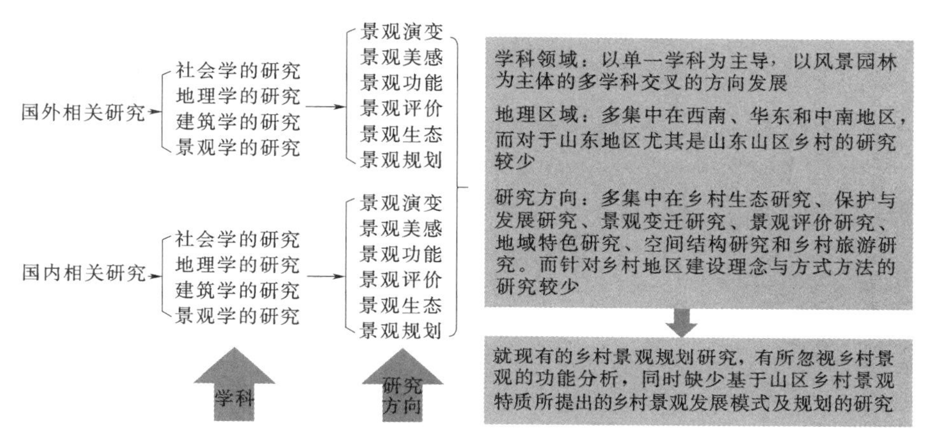

图 1.2　国内、外乡村研究内容的梳理图

就研究的地理区域看，多集中在西南、华东和中南地区，而对于山东地区尤其是山东山区乡村的研究较少。就研究方向看，乡村研究多集中在乡村生态研究、保护与发展研究、景观变迁研究、景观评价研究、地域特色研究、空间结构研究和乡村旅游研究，而针对乡村地区景观规划设计的理念与方式方法的研究较少。就现有的乡村景观规划研究更多的是侧重对乡村景观的生产性规划（土地利用规划）和生态环境规划，规划的依据主要是基于对乡村景观的生态环境调查评价、景观格局分析及生态适宜性评价等，缺少基于山区乡村景观特质与功能提出的乡村景观发展模式及规划的研究。

1.4　乡村景观概念界定

1.4.1　景观

地理学家裴相斌（Humboldt，1991）认为景观是由气候、水、土壤、植被等自然要素以及文化现象组成的地理综合体，这个整体空间典型地重复在地表的一定地带内，主要关注景观的要素特征和景观形成过程。生态学家 Forman & Godron（1986）认为景观是由相互作用的镶嵌体（生态系统）构成，为地方尺度上具有空间可量测性的异质性空间单元。我国生态学家肖笃宁和李秀珍（1997）认为：景观是一个由不同土地单元镶嵌组成，具有明显视觉特征的地理实体；它处于生态系统之上、大地理区域之下的中间尺度；兼具经济、生态和美学价值。景观的内涵丰富，北京大学俞孔坚教授（2006）认为景观包含视觉美的含义、系统的含义、使用的含义和栖居地的含义。

景观是视觉审美过程的对象。不同时期不同国家对美的标准不同，美是在变化之中的。法国以大尺度的规整对称式布局为美；英国以自然树丛和草地、弯曲道路和蜿蜒河流形成的广阔田园风格为美（图1.3）；日本枯山水园林（图1.4）以富有禅意的象征寓意为美；中国的传统园林（图1.5）以本于自然而高于自然的山水自然为美的标准，这种审美和山区乡村的空间氛围是相通的。

图1.3 英国风景式园林

图1.4 日本枯山水园林

图1.5 中国写意山水式园林

景观系统的生态关系表现在两个方面：一是景观与外部系统的关系，如哈尼族村寨的水与大地之间的转换轮回，哈尼族村寨的水经蒸腾和蒸发回到大气，又因降雨回到哈尼族村寨。二是景观内部各元素之间的生态关系，即水平生态过程，这是景观生态学的主要研究对象。如哈尼族村寨内部水的使用变化，溪流引入寨子蓄水池，再流经每家的洗涤池，然后汇入寨中养鱼的池塘，最后流入下方的梯田。

景观设计是为人所服务的，考虑大众的心理需求和行为习惯、兼顾人类共有的行为、群体优先是现代景观规划设计的基本原则之一。墨子所说的“食必常饱，然后求美；衣必常暖，然后求丽；居必常安，然后求乐”道出了环境的实用性是最为基本的功能。要做出实用性的景观，需要熟知使用人群的行为特点和心理需求。

景观在历史的演变中形成了当地的地域特色，与所处环境的自然条件、文化资源以及人们的生活方式密不可分。从自然、建筑、生活习惯、历史传统、精神层面等领域提炼表达出当地的地域特色，使人们产生认同感。如果你不去北京的四合院住上一段时间，你就不能感受到四合院的文化内涵；如果你不到都江堰的江边走走，你不明白为什么成都是中国最休闲的城市；如果你不去济南的老街老巷，你不明白济南人对于泉水和柳树的钟爱；如果你不曾走进福建的农村，你就不会发现户户门前种植中药的场景；如果你未踏进苏州城，怎能明白小桥流水人家的水乡古城特色；如果你从未进入蒙古草原，你怎能感受草原的豪迈、风土人情和对敖包的信仰；如果你未曾走进山东的渔村，就不会看到以石为墙，海草为顶，极具地方特色的海草房（图 1.6）。只有懂得当地人的生活，才能营造出符合当地人生活的景观空间。

图 1.6 山东胶东地区海草房

景观是人类和自然之力长期合作的成果。其实体组成包括地貌、水文、气候、土壤、山石和植被等自然因子，也包括生产、居住、生活、历史、文化等人文因子，自然因子与人文因子同时共存、互为因果。

1.4.2 乡村

《辞源》给出的乡村定义是主要从事农业、人口分布较城镇分散的地方。经济学家认为乡村是人口稀少、比较隔绝、以农业生产为主要经济基础、人们生活基本相似，而与社会其他部分，特别是城市有所不同的地方。地理学家对乡村的解释是非城市化地。城市学家认为乡村通常是以农业生产为主，经济上相对独立的、具有特定社会经济形态以及自然景观特点的地区综合体。社会学专家认为乡村是人口密度低、以农业自给自足或以农业与工业化的城市进行物质交换的地区。环境学家认为乡村是在当地生产条件、生活方式和历史文化背景等因素的交互作用下，所形成的富含优越的农业风光与活动的生态空间。生态学家认为乡村是社区与自然取得平衡的、田园牧歌式的理想地区。

当下的乡村不再是传统意义的农业单一的产业模式，也不是仅有农民居住的乡村，在许多方面都发生了或正在发生着深刻的变化。表现在以下几个方面：

（1）乡村经济的综合性，除农业外还包括工业、电子商务、文化旅游、养生养老等经济活动。

（2）乡村职能的综合性，包含经济、政治、文化等多种社会职能。

（3）乡村环境的综合性，除地形地貌、水系池塘、土木植物等自然环境外，还包括民居、街巷、祠堂、节点空间等人文环境。

总的来看，乡村是表达社会区域的重要概念，是聚居在一起的村民依托自然环境提供的资源，通过特定的经济活动塑造出具有当地特有的环境和景观风貌，与城市高度的人工建成环境相比，人工痕迹较少的地方，包含自然区域、生产区域和居民生活区域。

根据乡村的研究尺度，乡村可分为村域、村落和宅院 3 个等级。宅院是村民日常起居劳作的空间，是民居附属的庭院，是最小的生活组团。村落是村民聚居的环境尺度，主要是村民的民居及环境，即居住生活空间。村域是包含村民聚居的环境和周边的农田林地，是由历史沿革或习惯传承所形成的某个村的生产、生活的地理空间，一般以道路、河流、山梁或实际的耕地、山场所至为界，包括界限内可以使用的所有耕地、园地、林地、山场、水域、道路、建设用地等。山区的村落空间往往不足村域范围的 1/10，本文乡村没有特别说明指的是村域。

乡村还有不同的分类方式。按经济结构可分为农业乡村、林业乡村、渔业乡村、牧业乡村等；按其形态特征分为点状乡村、线状乡村及块状乡村；按照所处的地形地貌分为山区乡村、平原乡村、水域乡村；按照资源的丰富程度可以分为传统村落、乡村、历史文化村镇（图 1.7）。

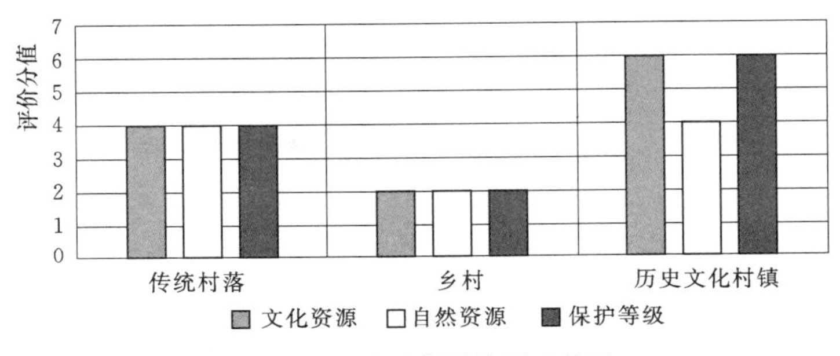

图 1.7　三类乡村的资源比较图

传统村落是指村落形成较早，拥有较丰富的文化与自然资源，具有一定历史、文化、科学、艺术、经济、社会价值，应予以保护的一类乡村。截至目前全国共 646 个国家级传统村落，山东省内 37 个，鲁中地区 6 个，分别是济南市章丘官庄镇朱家峪村、济南市平阴县洪范池镇东峪南崖村、泰安市岱岳区大汶口镇山西街村、淄博市周村区王村镇李家疃村、淄博市淄川区太河镇梦泉村、淄博市淄川区太河镇上端士村。

历史文化名镇名村是保存文物特别丰富且具有重大历史价值或纪念意义的、能较完整地反映一些历史时期传统风貌和地方民族特色的一类乡村。截至目前，我国国家级历史文化名村的数量 276 个，山东省入选的名村是 5 个，分别是荣成东楮岛村、章丘朱家峪村、招远高家庄子村、淄博李家疃村、即墨市雄崖所村。

传统村落和历史文化名村的文化资源和自然资源是中国农业文化最为精髓和完整的部分，但是除此之外的乡村却生活着数量最为庞大的农民，对这部分乡村的关注是和谐社会迫切需要解决的问题。本次的研究对象正是指文化资源和自然资源的级别较低，予以保护的级别也是较低的普通山区的农业自然村。

1.4.3　乡村景观

正如不同学科对景观有着不同的理解一样，乡村景观的概念由于观察视角的不同有不同的解释。著名人文地理学家金其铭（1988）先生提出的乡村景观是指在乡村地区具有一致的自然地理基础、利用程度和发展过程相似、形态结构及功能相似或共轭、各组成要素相互联系、协调统一的复合体；谢花林教授（2003）从景观生态学的角度提出，乡村景观是指乡村地域范围内不同土地单元镶嵌而成的嵌块体；同济大学王云才教授（2007）认为乡村景观是人文景观与自然景观的复合体，以自然环境为主；同济大学刘滨谊教授（2005）强调乡村景观的多元价值，从环境资源学的角度提出乡村景观是可以开发利用的综合资源，具有效用、功能、美学、娱乐和生态的价值，具有经济功能、自然生态功能、社区文化功能、空间组织功能、资源载体功能与聚居功能；美国地理学家索尔认为“乡村景观是指乡村范围内相互依赖的人文、社会、经济现象的地域单元”(张小林，2002)。

虽然不同学科给出的乡村景观概念有所差别，但都在强调乡村景观具有的功能类型。基于景观的功能含义并参考其他学科对乡村景观的理解，本文界定乡村景观是特定地域环境的空间和物体构成的由经济生产、居住生活，自然生境、精神文化和格局形态相互融合而形成的有机统一体。概念强调乡村景观与乡村功能的关系，乡村景观特色体现乡村功能优势。从景观的角度乡村功能分为经济生产、居住生活、自然生境、精神文化和格局形态。因村民直接的生存需求而产生的经济生产、居住生活，以及生产生活依托的自然环境属于乡村的直接功能，依附于直接需求功能之下形成乡村格局形态和精神文化的间接功能。良性、健康的乡村景观不仅仅以外在空间与形体美感为表征，也不单是辉煌的经济指数增长，而是指乡村“地方”或者说“本土”经济生产、居住生活、自然生境、精神文化和格局形态五者的有机关联、健康发展而真实呈现出的系统生命活力。

乡村景观的5个方面相辅相成，缺一不可(图1.8)。居住生活和经济生产是乡村景观的主要功能，二者相互影响；自然生境是村民生活、生产的物质和能量来源，是乡村景观的基底；精神文化是村民在生活生产中日积月累形成的文化思想，这种文化思想渗透到乡村的格局形态、居住生活、经济生产和自然生境；格局形态是村民生活生产中与大自然和谐共存所衍射出的外在形式形态，是乡村居住生活、经济生产、自然生境和精神文化的外在表征。

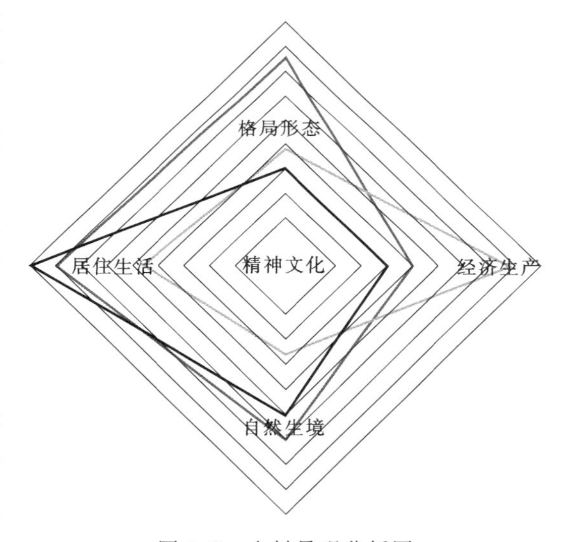

图1.8 乡村景观分析图

乡村经济生产、居住生活、自然生境、精神文化和格局形态又包含着诸多内容(图1.9)。经济生产景观包含传统农业景观和其他产业景观，传统农业景观是建立在传统农业如鲁中山区的梯田、林业等经济形式上形成的景观。在乡村多种的产业化经营下，乡村的产业性景观类型丰富，如：现代农业、休闲农业、农业庄园、有机农业、创客创业、水产养殖、手工业、一二三产业融合发展的生产性景观。居住生活景观内容和村民生活密切相关，生活无外乎衣食住行，满足生活需求的场所正是村民的民居、庭院、大街、小巷和空地，所以居住生活景观的具体体现是民居景观、庭院空间、街巷空间和集会空间。自然生境景观是乡村赖以生存生活的物质基础，也是乡村区别于城市的重要特征，包括地形地貌，河流水系、植物、动物、土壤、石材、气候、温度、风向。传统的自然生境是村民与自然和谐统一的生态系统，蓝色的天空、绿色的水系、茁壮的树木、鲜美的花草和悠然的村民共同谱写健康的乡村。精神文化是指世代相承的、与群众生活密切相关的各种传统文化表现形式(如民俗活动、表演艺术、传统知识和技能及与之相关的器具、实物、手工制品等)以及人们的生活方式。

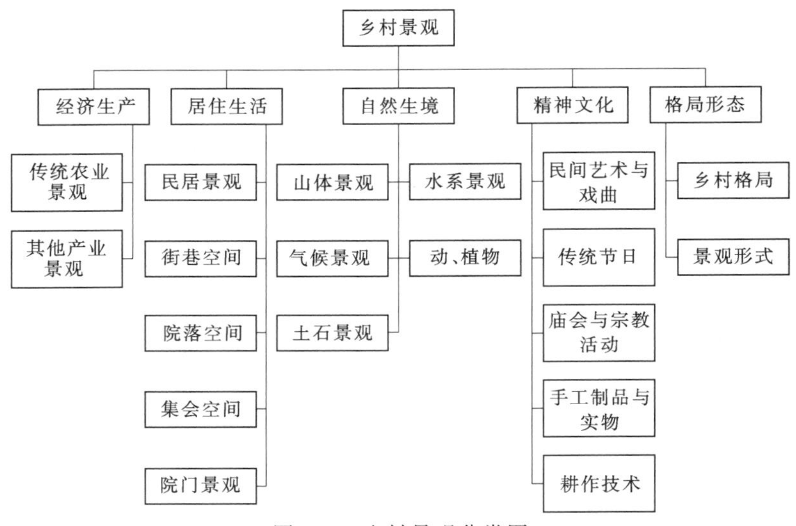

图 1.9　乡村景观分类图

1.4.4　乡村景观特质

特质是由美国心理学家 G. W. 奥尔波特在 1961 年的《人格模式和发展》中提出的(陈彪，2008)，特质是指表现在许多环境中的相对持久、一致且稳定的思想、情感和动作的特点。他认为，因个人遇到的环境经验不同，不会有两个具有完全性同的特质。

从个体与群体的角度把特质分为共性和个性。共性特质是在某一地域环境下大多数人或群体所具有的共同特质，如蒙古族的豪放、维吾尔族的活泼等。共同特质虽然是所有成员都具有的特质，但其在个人身上的强度和情况不同，这种不同强度和情况的特质就是个性特质，其中最典型、最具概括性的特质称为主体特质。

乡村景观是所在区域的地形、地貌、光照、气候、水文、土壤、历史、风俗、文化、生活、生产等因素相互交融下逐渐形成的，由于每个乡村的影响因素不完全相同，所以不会有两个完全相同的乡村景观。正如奥尔波特的特质理论，乡村景观是乡村的性格表征，具有特质内涵。

从个体与群体的角度乡村景观特质分为共性特质和个性特质，共性特质是特定地理范围内的乡村共有的景观特质。个性特质是以共性特质为先决条件，在共性特质的前提下，因某方面景观强弱的不同，每个独立乡村具有的景观特质。其中最典型、最具概括性的景观特质是乡村的主体特质。每处乡村景观既统一于地域范围内的共性特质，又有独特的个性化气质（图 1.10），例如同属鲁中地区山区乡村的花甲峪村、后岭子村、两河村、燕棚窝村、马家村、孟家庄村等具有相似的文化背景和地理地貌特征，所以具有共性的乡村景观特质，而每一个乡村个体又因其特殊的社会因素、文化因素、自然因素、经济因素等原因导致每个乡村又区别于其他乡村的景观特质，即乡村个性特质。同样，大路口村、黑北村、梁庄村、马庄村等都属于鲁中平原地区，具有鲁中平原地区的乡村景观共性特质。而每一个村具有乡村景观个性特质。通过研究共性特质和个性特质既可以宏观的把握乡村的共有特征还能区分乡村之间的景观差异。

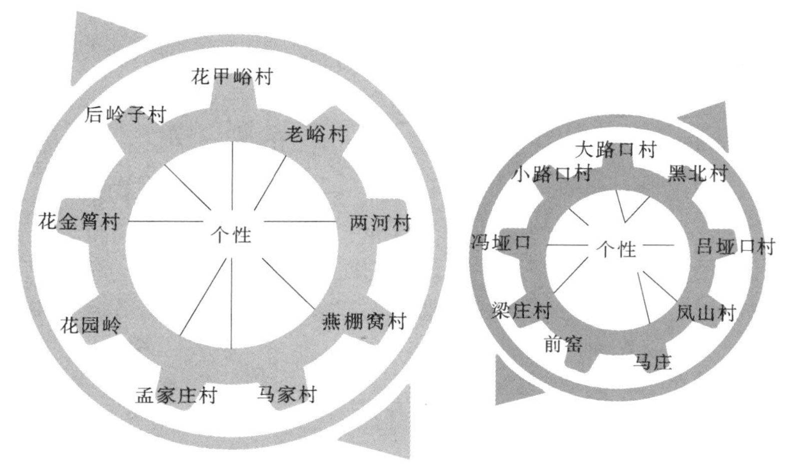

图 1.10 乡村景观共性与个性特质分析图

1.5 研究目的和意义

通过分析国内、外相关研究现状和乡村景观建设现状以及鲁中山区乡村景观实际情况，本研究旨在乡村景观特质的基础上确定主体功能，建立乡村景观的发展模式和规划方法（图 1.11)，实现乡村可持续化发展。需要循序渐进的研究景观特质、发展模式和规划设计，其中鲁中山区乡村景观特质是研究的重点和核心内容。

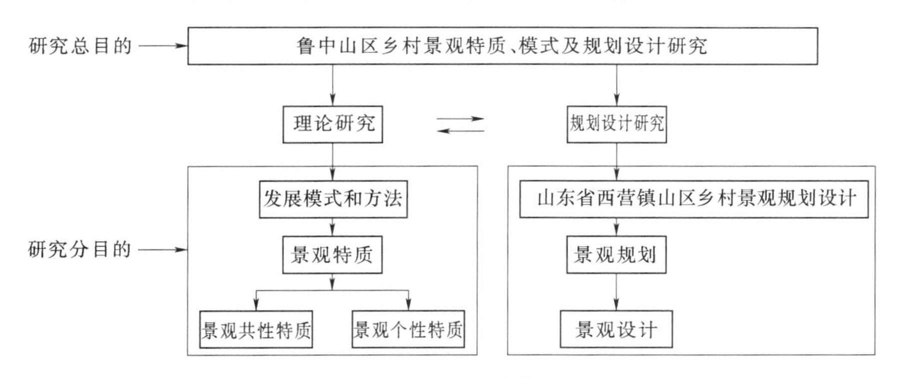

图 1.11 研究目的分解图

鲁中山区乡村景观特质分为共性特质和个性特质，共性特质是通过对西营镇山区乡村景观进行广泛调研的基础上比较归纳总结形成，个性特质是以乡村群为研究对象，构建个性特质的评价方法以界定乡村景观个性特质。

1.5.1 挖掘鲁中山区乡村景观共性特质

鲁中山区乡村的文献记载和已有的研究内容不够翔实和系统，已有的研究内容主要针对章丘市朱家峪村等传统村落进行的保护发展研究，而研究几乎未涉及到普通的山区乡村生活着数量庞大的农民，这些乡村位置偏远、交通闭塞、经济落后，村落的萧条尤其严重，对这部分乡村的关注是和谐社会迫切需要解决的问题。

乡村承载的地域特质是乡村具有持久生命力、吸引力与活力的关键，要实现山区乡村的发展，就要充分利用山区乡村的景观特质，本文通过现场调查、问卷访谈、写生测绘等方法与对乡村现状进行深入调研，对整体自然人文环境、历史环境要素、传统文化生活统筹研究，对资料进行整理和后续的分析归纳评价，从而得到鲁中山区的景观共性特质，填补鲁中山区乡村景观特质研究的空白，提取乡村地域特征，为乡村的传承创新发展提供理论基础，在城乡规划、乡村旅游、乡村产业、营建新建筑、保护老建筑等城乡建设方面形成有实际价值和指导意义的理论依据。

1.5.2　构建乡村景观个性特质评价的方法

鲁中山区乡村之间的景观差异不明显，给乡村景观的个性化发展带来困难，直接影响着乡村经济文化的发展，而目前的研究中缺乏山区乡村景观个性特质的评价方法。

本研究以乡村群为研究对象，结合层次分析法、德尔菲法和鲁中山区乡村景观的实际情况并通过专家交流论证后建立鲁中山区乡村景观个性特质评价方法。通过特质评价方法研究乡村景观指标的强弱，通过纵向比较和横向比较乡村之间指标的差异，界定乡村景观的个性化特质，为乡村主体功能的确定和乡村个性化发展提供重要依据。鲁中乡村景观个性特质界定的方法可应用于相似地域的乡村景观个性特质的界定，利于乡村景观个性化的呈现和乡村景观发展模式的确定，对乡村的经济文化发展起到了积极的促进作用。

1.5.3　探索鲁中山区乡村景观发展模式和方法

目前，国内已经开始了大量的乡村建设实践活动，国家先后颁布《村庄和集镇规划建设管理条例》《中华人民共和国城乡规划法》《乡村建设规划许可实施意见》，这些政策的制定对于乡村规划建设起到了积极的促进和规范作用，但是缺乏具有有针对性、特殊地域范围的乡村景观建设规划的理论指导，同时，由于乡村多功能性发展的现实性需求，用于指导鲁中山区乡村景观建设的发展模式和方法显得尤为重要。

本研究在梳理国内外乡村景观发展脉络、相关理论基础、并对乡村景观概念界定的基础上，以乡村景观特质为发展内核，建立景观特质与乡村功能和乡村模式的联系，形成山区乡村景观发展模式和方法，从而为我国乡村景观建设提供理论参考。

1.5.4　指导鲁中山区乡村建设实践

由于我国特殊的国情，鲁中山区乡村建设没有成熟的经验可借鉴，需要在摸索中审慎前行。本研究运用文献法、田野调查法和图像法等多种方法进行调查、分类、比较、归纳、整理，形成鲁中山区乡村景观共性特质，并建立个性特质评价方法界定乡村景观个性特质，以此提出乡村景观发展模式，通过论证和实例研究，以乡村全面发展的视角和高度，审视其景观模式，检验理论的可行性，完善研究的系统性，使规划策略得到进一步优化。通过解析西营镇乡村群景观规划设计，形成一套成熟系统的科学理论，以期为新形势下山东省及全国乡村的发展提供有意义的参考。

第2章 研究区域及研究方法

2.1 研究区域的选择

2.1.1 鲁中山区乡村的界定

山东省是中国东部沿海的一个重要省份，地处黄河下游，属于暖温带季风气候，四季分明，降水量从东南向西北逐渐减少。

鲁中地区以泰、鲁、沂、蒙、徂徕山等中山山地为主体，包括周围的低山丘陵及山间宽谷，是山东省地势最高的地区。“多山”成为这一地区典型的地貌特征，一般认为，北以小清河与鲁北平原为界，东沿潍沭河一线与鲁东丘陵接壤，南至尼山、蒙山一线，西以东平湖和南四湖与鲁西平原接壤，大致包括今淄博、济南、泰安、莱芜和临沂的部分地区。鲁中山区乡村数量庞大，仅就济南山区乡村数量约500个，分布于不同的地形地貌：中山、低山、丘陵、台地、盆地、山前倾斜地、山前及山间平原。

2.1.2 研究区域的选择及概况

鲁中山区分布着大量的山区乡村，相似的区域经济、地理、气候、资源和社会文化使得这些山区乡村具有很大的相似性。本研究在对淄博（上端士村、下端士村、十亩地村、西岛坪村、石安峪村等）、济南（拔槊泉村、大南营村、小南营村、阁老村、藕池村等）、泰安（寺河村、东城村、边庄村等）、莱芜（上亓家峪村、后王家峪村、赵家峪村、井峪村等）山区乡村广泛调研的基础上（附录1），综合比较选择最具代表性的济南西营镇山区乡村作为主要研究对象。因为，研究对象的空间结构和景观特征具有鲜明的鲁中山区乡村景观的地域特色。同时，这些乡村现状是在纯农业经济的环境下自然形成，通过调研可以真实全面地了解山区乡村的经济、文化、生活、环境、设施，以及村民的特征和使用需求，为研究鲁中山区乡村景观特质提供基础资料，将对具有相似背景的整个鲁中山区乡村景观特质和发展模式的确定具有借鉴作用。

1. 地理位置

西营镇位于济南市主城区东南方向，处于城市与自然的交汇处，面积126.72km^2，9545户，30843人，约散布有99个自然村，2/3位于山区。

西营镇北与市中区、历城区相邻，西与长清区接壤，东临章丘市、泰安市。西营镇道路资源丰富，外部交通便利。东侧紧邻鸭西线路，连接济南；西侧为彩西路，联通彩石镇，通往章丘市；南侧为327省道，连接通往章丘，往南通过云梯山路通往南部山区；向西联通仲宫镇通往长清区；北侧为济莱高速，于此通往济南、莱芜。西营镇距离主城区24km，从济南东、西客站，火车站，汽车站，飞机场均可方便到达。

2. 自然概况

西营镇地处中纬度地带，属暖温带大陆性季风气候，四季分明，光照充足。年平均气温12.9℃，极端最高气温40.5℃，极端最低气温−20.2℃，无霜期180d，年日照时数2564h，年均降水量730mm，年际变化较大，60%～70%的降水集中在每年的6—9月，多年平均蒸发量1290mm。

作为济南市域范围内生态环境最为优越、平均海拔最高（400m）的乡镇，西营镇地处泰山余脉，境内峰峦叠嶂、起伏错落、沟壑相间、清新秀美、景色卓绝，有山峰1300多座。西营镇地势南高北低，坡降较大，以石灰岩、页岩为主，土壤以棕壤土和褐土为主，中南部土层较厚，质地适中，中北部土薄质粗，含粗沙、砾石。

西营是济南市最大的干鲜果品生产基地，盛产苹果、核桃、板栗、花椒等。种植的野生种药材种类上百种，如何首乌、泰山赤灵芝、柴胡、山蝎等。生活的野生动物种类多达百余种，其中穿山甲、獾等珍稀动物有30余种，列济南市首位。西营镇绿化覆盖率居济南市首位，被称为济南市的“绿肺”、天然氧吧、森林浴场。

3. 社会经济

西营镇打破了传统的单一低效的种植方式，利用山高沟多、自然隔离的有利条件，繁育玉米、大白菜良种。每年推广立体种植1333hm^2，农业种植结构形成了“五成果、三成粮、二成菜”的格局。西营镇一直致力于工业经济开发，1995年全镇拥有锅炉、药品、建筑、家具、针织、肥料、建材、矿产品等生产门类。有丰富的矿产资源和干鲜果品、野生中药材、小杂粮等特产。济南野生动物世界、七星台万亩植物园、九如山瀑布群是全市旅游热点。

4. 历史人文

西营镇有真武庙、朝阳寺、阁老庵、古长城、白云洞，历史人文资源丰富。历史上是唐王李世民安营扎寨、屯兵操练之地。抗日战争和解放战争时期历城县委、章丘县政府、济南市委在此成立并驻地办公，是济南市著名的革命老区。这里民风淳朴，劳动力资源丰富。小城镇建设刚刚起步，有丰实的山区资源，是一块尚未开发的风水宝地，在各乡村中，散布着古民居、祭祀建筑等多种历史文化遗迹，被誉为济南市的“香格里拉”“小九寨沟”“世外桃源”。

2.2 研究方法

采用环境心理学、景观生态学、风景园林学、人文地理学、城乡规划学、建筑学等多学科综合研究的方法，在文献综述基础上认真扎实做好调查研究工作取得第一手资料，以第一手资料为基础进行归纳整理、构建特质评价方法，获得乡村景观共性特质和个性特质，以乡村景观特质为内核研究山区乡村景观发展模式和方法，通过论证和实例研究检验理论的可行性，并完善研究的系统性。

2.2.1 基础资料的研究方法

鲁中山区乡村的基础资料匮乏，所以基础资料的获取必须保证全面性和真实性。采取全面考察和典型考察相结合的方法，对鲁中山区乡村全面调查，对重点有代表性的乡村典型调查。强调对乡村景观的细节进行考察、记录、分析、比较，对不充分的资料进行详尽的测绘工作。综合运用文献图像法、观察记录法、访谈问卷法和测绘写生法，为鲁中山区乡村提供真实全面的基础资料。主要的调查因子是每个乡村的居住生活景观、自然生境景观、精神文化景观、格局形态景观、经济生产景观以及每一种景观包含的具体内容（图2.1）。

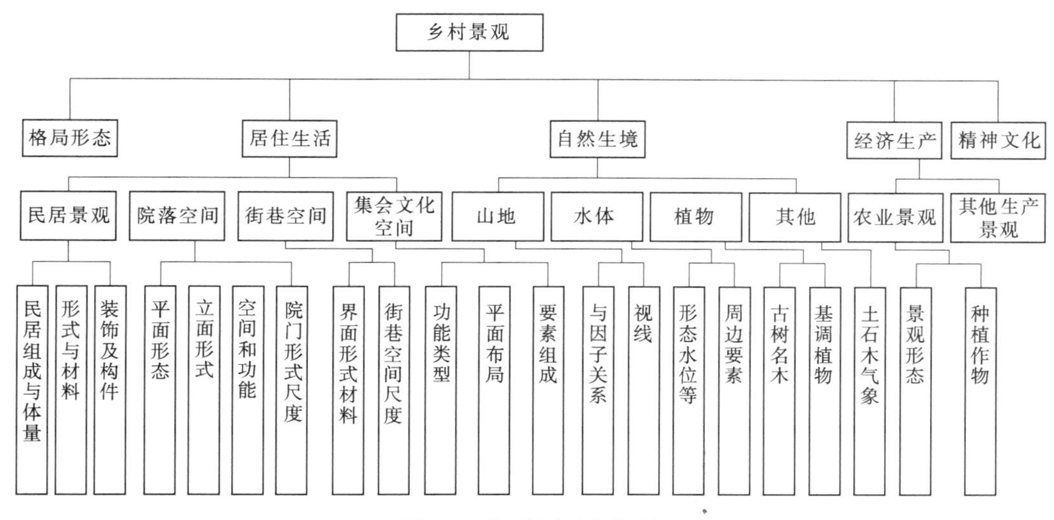

图2.1 调查因子分解图

1. 观察记录法

美国景观建筑设计师拉特利奇称观察为“眼球的健美体操”，这是科学上最原始的方法。观察者有目的有计划地观察乡村的建筑、道路、植物、门窗、山水、村民等内容，通过直观感知和现实记录获取乡村信息。观察法要明确观察目的，善于从不同角度观察乡村并紧密结合思考，准备地形图、照相机、摄像机、激光测距仪等仪器设备，并及时准确地记录场地属性特征（表2.1）。

表2.1 观察记录因子

调查因子	属性
基本情况	人口、年龄、收入、基础设施
地理位置与交通	距离主要交通干线的距离，山区乡村主要道路的性质和宽度
用地规模及构成	乡村范围内农田、林地、水系等所占面积比例
乡村格局	格局形态
民居	民居组成、体量、形式、材料、装饰、构件、尺度、功能
院落空间	院落平面形式、院落立面形式、院落空间和功能、院落尺度

续表

调查因子	属　性
街巷空间	主街与小巷的尺度、平面形态、界面的材料、空间感
集会文化空间	集会场地、文化场地：面积、形态、功能、位置
自然生境	山地、水体、植物、土、石、木的特点、性质、种类、应用方式等
自然气象景观	冰雪、风类、日月、极光、极端天气等
精神文化	民间艺术、节庆活动、语言文字、名人典故、风俗习惯等

2. 访谈问卷法

访谈问卷法是调研者将有关问题绘制由村民或外来者填写的问卷表，并针对一些问题与村民进行深入的交流，然后汇总问卷表和访谈材料，分析问题并找寻问题的根源，这属于以量化为主的调查方法。先后共有150位村民、20位旅游者、40位专业人士进行了访谈问卷的填写。为了叙述的方便，下文中如果没有特别说明，旅游者和专业人士统称为外来者。由于村民年龄太大或太小加上村民文化水平的影响，会遇到不会填写问卷的情况，可由调查的专业人士代填。另外，认知地图的问卷既可以通过文字写在问卷调查表中，也可以在现状地图上进行对应形状的标示。

访谈问卷调查因子的内容主要是3个方面：乡村基本情况的访谈问卷（附录2）、村民对乡村的感知问卷（附录3）和外来群体对乡村的感知问卷（附录4）。

3. 测绘写生法

通过对具有代表性的乡村空间和形式实地测绘，阐述鲁中山区乡村空间所具有的面貌特征。调研中主要针对3种情况进行现场测绘：废弃的但是文化价值较高的空间；具有代表性的乡村居住生活空间；局部形式的测绘，针对的是具有传统特征的局部，如某些装饰图案、材料组合形式等。

写生是记录场地格局、样式形态的有效方法，相机拍照记录尺度有限，不能全面地表达场地关系，而现场的平面写生可以表现场地要素之间的位置和尺寸材料，立面写生可以表达出场地要素的竖向关系，细节写生则可以通过数字和形象，生动地表达出形态特征。乡村积聚着中国几千年的传统文化，无论是宏观尺度的乡村格局，还是中观尺度的庭院空间和公共空间，还是微观尺度的院门、山墙、屋顶和照壁，它们的平面布局、立面组合以及纹样形式都是乡村珍贵的记忆，是乡村文化、生活、生产、生态的集中反映，通过写生可以全面直观地记录场地的布局、样式和材料（表2.2）。

表2.2　　测绘写生法调查因子

调查因子	乡村格局	庭院空间	公共空间	院门山墙、屋顶和照壁
平面布局	√	√	√	
立面组合		√	√	√
纹样形式				√

4. 文献图像法

根据研究内容，充分利用图书馆的图书资源和万方、知网等数据库的电子图书资源，通过检索关键词查阅关于乡村特色及乡村规划的理论及建设实践研究的文献资料，并对查阅到的资料进行乡村景观规划、乡村生态设计、乡村文化、乡村建筑、乡村评价的归纳整理文献综述，以此指导确定研究方向、拓展研究深度，为论文写作提供基础。

研究中应用较多的是每个乡村的卫星图像，通过图像了解乡村整体性的格局、形态以及分布，直观地反映民居分布、朝向、密度、山体形态、地貌状况、水系走势、道路线形等诸多内容。

2.2.2 景观特质的研究方法

通过对基础资料进行比较分析、归纳研讨、特质评价的研究方法形成鲁中山区乡村的景观特质。

1. 比较研究与归纳研究

比较研究法是对比较分析两个或两个以上有联系的事物的异同，探求普遍规律与特殊规律的方法。归纳研究法是分析事物之间的共同特征，在对特征的分析概括中得出普遍性的结论。在分析的过程中，采用典型实例与整体把握相结合，定性判断与定量评价相结合，逐层深入。通过图表分析、数据分析、图纸绘制、电脑模拟，将具有共同特征的鲁中山区乡村之间进行差异性比较分析。将同一乡村的不同景观指标进行横向比较归纳和同一指标不同乡村之间的纵向比较归纳，以找寻乡村景观个性特质。对居住生活景观、自然生境景观、精神文化景观、格局形态景观、经济生产景观五大方面进行地域特征的归纳研讨，并对其共同特点进行概括总结，确定鲁中山区乡村景观的共同特质。

2. 特质评价方法

为了研究乡村景观个性特质，必须构建乡村景观个性特质评价方法，鲁中山区乡村景观特质评价方法以乡村景观分类为依据，主要运用 AHP 法（陈颖，2007）和德尔菲法（王南希，2015）并结合乡村景观实际情况而形成。

德尔菲法充分利用专家的经验和学识，并不会受到其他繁杂因素的影响，作出独立的判断，形成可靠的结论。层次分析法将与决策总是有关的元素分解成目标、准则、方案等不同层次，并通过对不同层次及其影响因子的定性和定量分析以形成决策的参考，简称 AHP 法。本研究中选择风景园林、景观规划、城市规划、建筑学、艺术学等领域的 20 位专家，通过邮寄问卷调查和现场问卷调查的方式对评价指标体系和权重的确定进行了先后 3 次的专家校正和调整，构建科学的评价体系，对所有的调查指标（要素指标和功能指标）进行权重确定，科学定量每一个指标。接着根据鲁中山区乡村景观的特点，对功能性指标制定合理科学的评分标准，并根据评分标准，40 位专业人士现场进行功能指标的赋值。最后运用特质评价法计算得到要素指标分值和乡村景观评价的总指标值，绘制要素指标图，进行直观比较和分析。

2.2.3 发展模式的研究方法

以乡村景观特质为核心，景观安全格局理论、空间再生理论、感知理论以及城乡规划和景观设计理论为理论基础，主要运用整体法、内核法和感知法提出鲁中山区乡村景观发展模式。

1. 整体法

整体法是基于事物之间内在联系的观点形成的思想方法，认为在任何场合都必然存在着一个把发生联系的各个事物包含在内的整体。整体性的发展思路体现在将类似乡村作乡村群统一规划，体现在乡村景观的发展应该是生态、文化、经济、基础设施的互促发展，还体现在历史进程中乡村的过去、现在和将来是一个整体，找寻乡村景观与时俱进的方法。

2. 内核法

内核法是指实现产品（程序）功能的关键技术。而乡村景观特质就是实现乡村康体休闲、文化生态、经济生产、居住生活等功能的核心，乡村景观特质为乡村多方面的发展提供方向，也是乡村继承创新发展的源泉，既满足现代人的物质和精神需求同时不破坏当地人的人文脉络和生活习惯，强调人与自然和谐共生，城市人与乡村人和谐共生，以此衍生出乡村景观发展的万变可能。

3. 感知法

由于不同人群观察视角不同，相同景观会产生差异性印象，因此景观研究中必须重视不同人群的感知过程。Robert（2000）等人研究发现人群与土地的关系程度对人们的乡村景观感知有着非常密切的联系。所以在乡村景观发展模式研究中，考虑未来使用乡村的人群类型选原住民（村民）和新住民（新的居住人群）分别进行感知法的研究为后期的乡村景观发展模式和规划设计提供依据。

乡村情怀的感知强调环境对人产生的视觉、触觉、听觉、嗅觉、味觉以及因感觉衍生的心理感受，分析两类人群乡村情怀的程度和最强烈的乡村情怀要素。认知地图是在过去经验的基础上，产生于头脑中的，某些类似于一张现场地图的模型，通过原住民和新住民分别进行认知地图的访谈和绘制获取两类人群对乡村的感知结构，有利于形成让原住民和新住民都易于识别的乡村标志、节点、巷道和面域，为乡村空间结构提供重要的依据。

2.2.4 规划设计的研究方法

以济南西营镇老峪乡村群景观建设为例，根据提出的鲁中山区乡村景观特质和发展模式的研究理论，结合城乡规划学、风景园林学相关理论及方法针对实例提出科学、合理的规划方案和规划设计方法，对相似地域的山区乡村景观提供参考和借鉴。

2.3 技术路线

技术路线如图2.2所示。

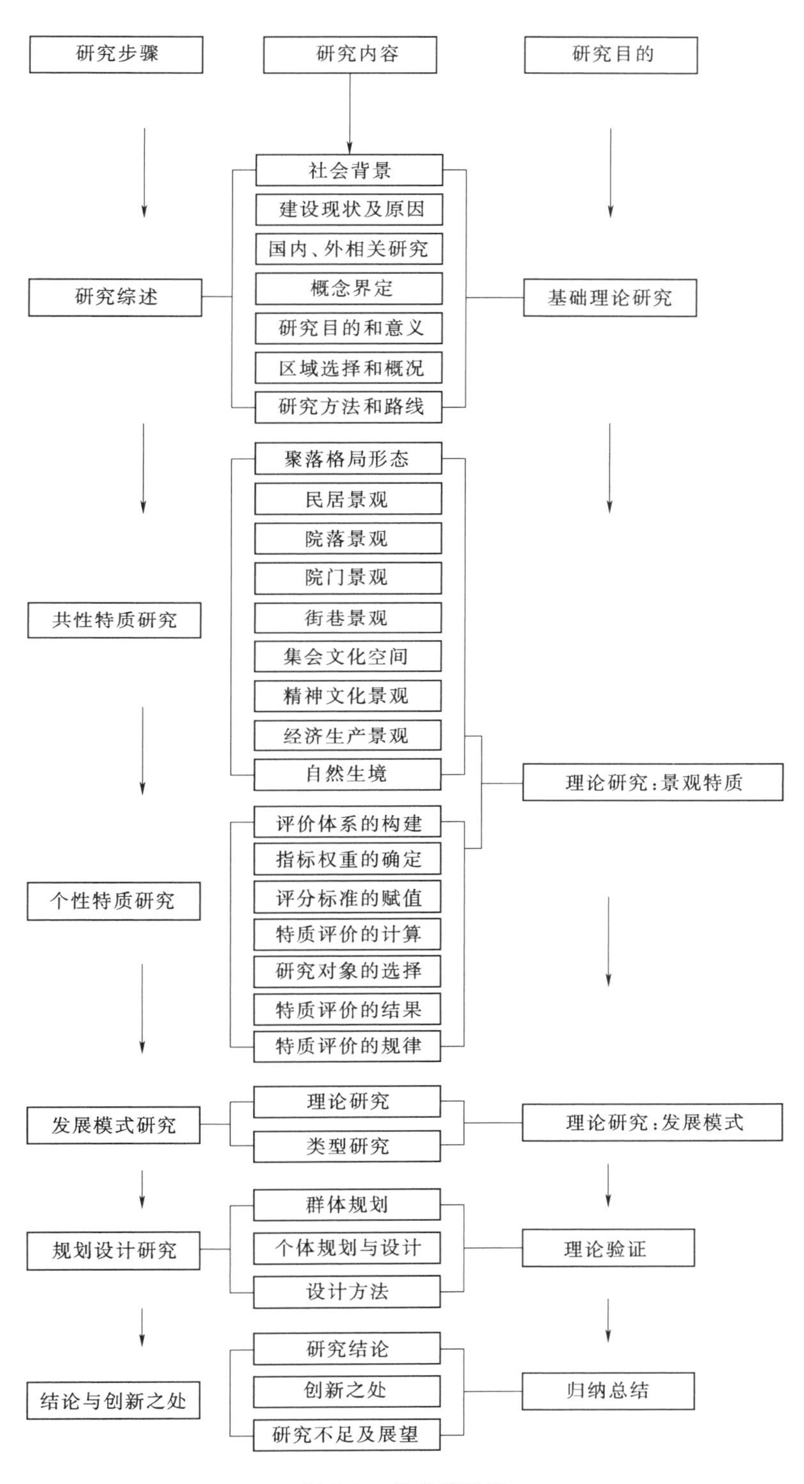
研究步骤
研究内容
研究目的
社会背景
建设现状及原因
国内、外相关研究
概念界定
研究目的和意义
区域选择和概况
研究方法和路线
研究综述
基础理论研究
聚落格局形态
民居景观
院落景观
院门景观
街巷景观
集会文化空间
精神文化景观
经济生产景观
自然生境
共性特质研究
理论研究:景观特质
评价体系的构建
指标权重的确定
评分标准的赋值
特质评价的计算
研究对象的选择
特质评价的结果
特质评价的规律
个性特质研究
理论研究
类型研究
发展模式研究
理论研究:发展模式
群体规划
个体规划与设计
设计方法
规划设计研究
理论验证
研究结论
创新之处
研究不足及展望
结论与创新之处
归纳总结

图 2.2 技术路线图

第3章 景观特质研究

3.1 共性特质

格局形态、居住生活、经济生产、精神文化、自然生境是乡村景观的主要内容，也是乡村景观功能的具体体现。由于乡村居住生活包含的景观类型较多且复杂，又细分为民居景观、院落空间、院门景观、街巷空间和集会文化空间。通过广泛实地调研，结合既有相关研究文献，提出鲁中山区乡村景观的共性特质。

3.1.1 格局形态景观

山区乡村的格局是在特定的自然和文化历史条件下逐渐形成的，鲁中山区乡村具有优越的风水格局，属于典型的古代市镇和宅居的风水图式（程建军等，2014）（图3.1）：“以山为依托，背山面水”，背山可以“藏风聚气”，面水可以使气“界水则止”，从而成为“藏风聚气”的好地方，自然山水与乡村空间结合紧密。根据对范围内的乡村调研将山区乡村格局形态分为两种。

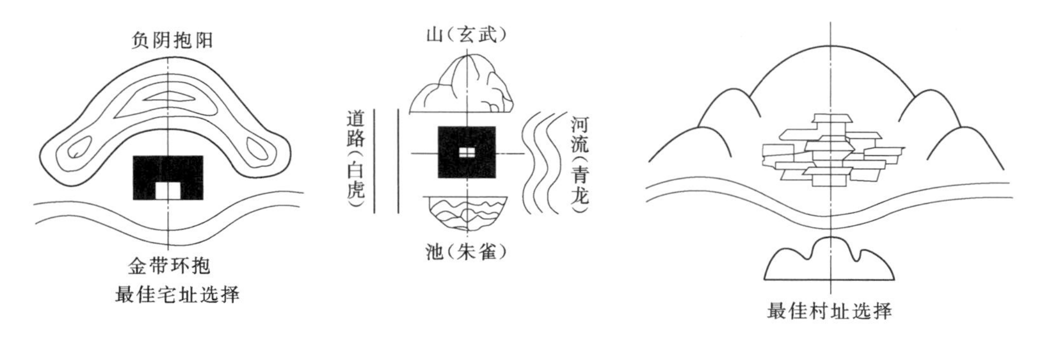

图3.1 乡村布局与山水格局关系模式图

1. 块状集聚型

块状集聚型的乡村多位于盆地性质的山区，地形平坦、基础设施较完善、与外界交通便利、人口数量较多、村民聚集程度较高、农业用地集中、呈现较大规模的块状集聚形态，调研范围内这种布局的乡村较少。西营以南2km南营河西岸的大南营村呈现块状布局，登记有389户，1263人。

2. 带状集聚型

调研范围内多是带状集聚型乡村，沿山谷呈带状发展，或靠近道路沿路延伸，有的地方称为“绕山建”。村民主要选择在向阳的一面沿着山脚依托地势建 3～5 排，也有选择在山体其他方位建房，但是大多面向主街和集会广场，农业用地分散。具体分为以下 3 种形态。

（1）内凹式。乡村布局沿着内凹的等高线布置，即位于山谷的位置，呈现内聚式空间，围合感强，视线较封闭。西营镇老峪村位于山坳，被山体环绕，公共空间和主要道路位于村庄地势较低且平坦处，民居沿着山谷呈环状布置，由主路通往各个民居庭院的巷道具有向上的坡度（图 3.2）。这种布局方式在西营镇山区乡村比较普遍，如孔老峪村、火窝子村、林枝村等。

（2）外凸式。乡村布局沿着外凸的等高线布置，即位于山脊的位置，呈现外向式空间，视野开阔。西营镇的后岭子村是典型的外凸式布局，村民常常自发设置观景平台：视野开阔、满目皆景、暖风拂面、心旷神怡（图 3.3）。

（3）混合式。乡村的布局呈现内凹和外凸两种形式，既有外向式空间的特点又有内聚式空间的特征，大部分乡村是混合式布局，就西营镇的乡村布局统计来看，内凹式为主，外凸式为辅，即乡村大多数的民居位于山谷，小部分的民居在发展中建在了山脊（图 3.4）。混合式布局也很普遍，粟林沟村、老泉村、灰泉子村、黄鹿泉顶村都是混合式布局。

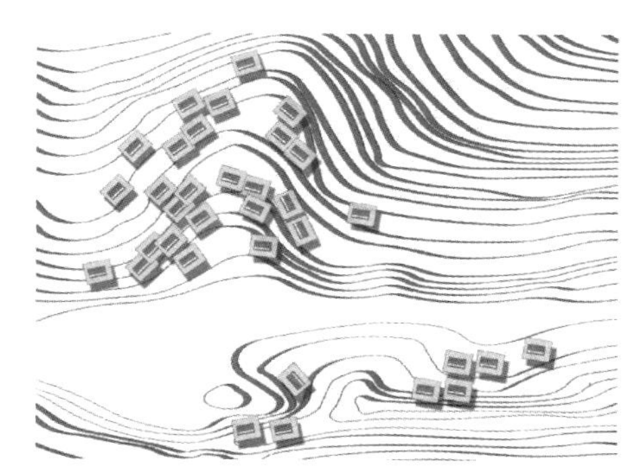

图 3.2 内凹式

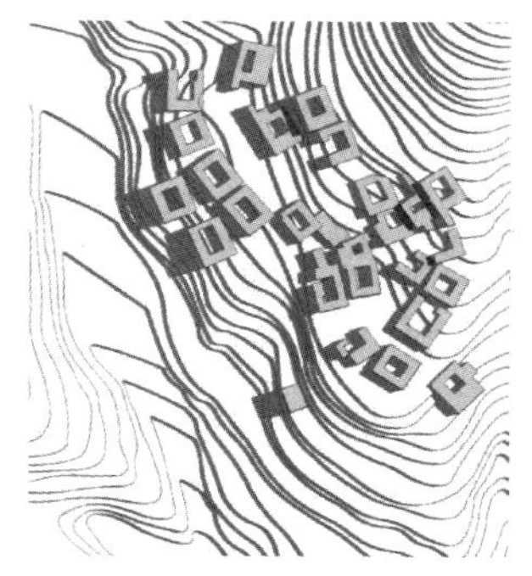

图 3.3 外凸式

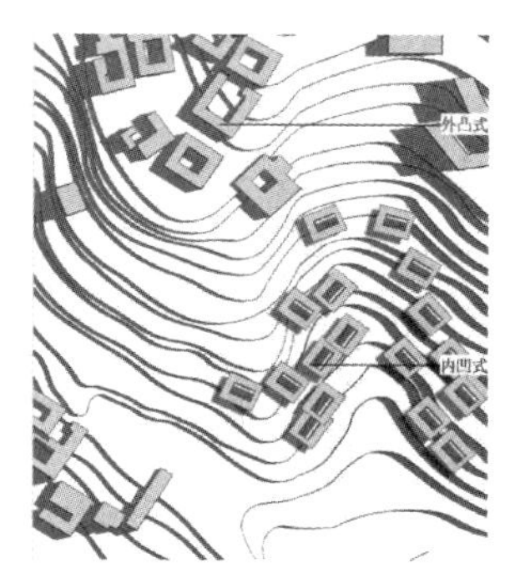

图 3.4 混合式

3. 格局形态小结

鲁中山区乡村景观格局与自然完美融合，生活宁静诗意，独具乡土魅力，是人与自然和谐共生的典范。受山地、局部微气候及传统营造理念的影响，乡村格局形态主要表现为带状聚集，该类型乡村占比达到 65％以上，一般以主街、河流或山谷为中心聚集，这种布局方式符合传统风水理念，村民居住环境优越，但与农田的空间分布缺乏聚类相关性，呈现出一定的随机性，不利于劳动生产力的合理分配。另外，各乡村之间的交通联系较弱，导致乡村信息和物质交换的不便捷，制约了乡村发展潜力。

3.1.2 民居景观

1. 民居组成与体量

鲁中山区的民居较平原地区无论从体量上还是从类型上都进行了简化，一般由正房、厢房、倒座以及联系建筑的围墙组成（图 3.5）。

图3.5　山区民居组成

（1）正房。正房常用作供祭祖先和主人的起居会客，级别最高，体现在位置和体量上。

位置是在院落中轴线上，以中轴线为中线，向两侧发展房间。自明代起，我国就有“庶民房舍不过三间”的规定，鲁中山区乡村正房以三间或五间数居多。单间面宽3.0～4.0m，进深3.0～5.0m，高3.5～5.0m不等。

石制建筑墙体厚0.5m左右，仅在朝向院落一侧的墙上开窗；砖砌墙体厚0.24m，前墙和后墙均开窗，采光及通风大大增强。

正房常常出檐，一般宽1.5～1.8m，以遮风避雨或临时存放杂物。有的村民在原来正房基础上，向院内出檐3m，即进深在原来基础上多了3m，宽不变，从而扩大正房的面积。

主房两侧有时会加盖耳房做辅助使用，遵循和主房一致的进深、布局和材料，只是在单间面的宽度上会缩小。

（2）厢房。厢房平行于中轴线，分布在院落两侧。一般是三开间，单间面的宽度和进深都比主房略小，窗也是面向庭院的一侧开设。主要用于晚辈的房间，或用于堆放杂物，或用于灶房，由于现在家庭人口数量的减少，所以厢房数量也在减少，有时仅在院落一侧设置厢房。调研区域内的东厢房大多是厨房，西厢房是粮仓和杂物间。

（3）倒座。倒座坐落南边，坐南朝向北边。在院中间设置大开间当作院落大门，或坐落在院最东侧。倒座在以前一般是用于管理家庭账目或者作为储藏物品和客人居住。

（4）围墙。围墙形式简单，多用自然石材、砖或素土砌筑。

大部分墙体多用单一材料组成，如果是纯自然石材的墙体往往下段选用的石块相对较宽、较厚；也有部分墙体是组合材料，下段石＋上段砖或下段石＋上段土的形式，下段的尺寸是在0.6～1.0m之间。

无论哪种形式，墙体上端大多采用同种材料压檐，砖常用出边的方式，石墙采用片式压顶的方式。

2. 民居形式与材料

民居的平面简洁为方形，立面由屋顶、墙身和墙基组成。

（1）屋顶。屋顶有平屋顶和硬山式屋顶两种形式，以硬山式屋顶居多。

平屋顶材料单一，为钢筋混凝土材料；硬山式屋顶是中国古建筑屋顶级别最低的形式，俗称人字顶。其特点是正脊1条、垂脊4条、两个坡面分布在前后两侧、在山墙头有屋顶且屋顶与山墙平齐，主要功能是防风防火。

硬山式屋顶以茅草和红瓦为主要材料（图3.6）。茅草是最久远的屋顶覆盖材料，该类材质实心、耐腐烂、资源充足，有茅草+石板（图3.7）、茅草+红瓦的组合方式，现存茅草屋顶的民居基本已废弃。现存的硬山式屋顶基本上以红瓦为主，常用的组合方式是红瓦+石板、红瓦+红砖、红瓦+红瓦。

图3.6 硬山式屋顶材料组合

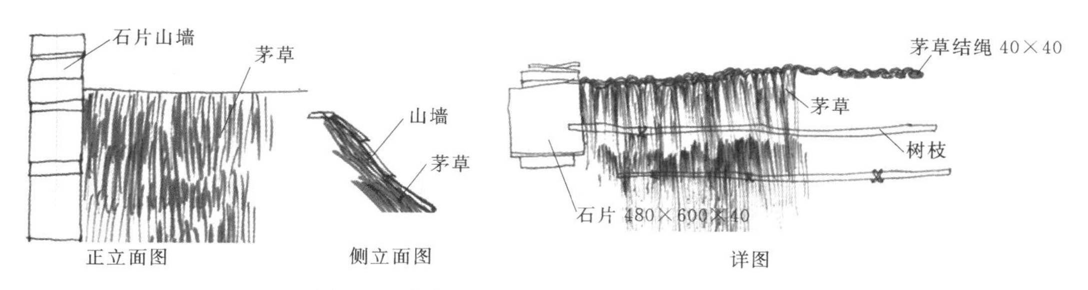

图3.7 茅草+石板屋顶详图（单位：mm）

硬山式屋顶内部以三角梁架式为支撑，三脚架由梁、两根斜木和一根桁木组成，三脚架通常没有立柱支撑而是直接架在墙体之上，三脚架和山墙上置放着檀条，承载屋盖重量的主体是墙体。梁架的用材一般以较为笔直的松木为主，窗户和梁架主要以当地的刺槐木、榆木为主。

(2) 墙体。鲁中山区乡村民居墙体材料主要是石材、红砖、空心砖，新建墙体也有用钢筋混凝土的圈梁结构和预制板。石材主要来自于村民整理宅基场地时的挖掘，房屋的主要支撑以及建筑有转角的地方和门窗周围、屋门前侧台阶等地方都分布着较厚的、相对规整的、表面经过处理的石材，其中较为精致的还会有花纹装饰图案雕刻在上面，除此之外其他部位的石材基本都是没有处理过的原始石头自然样貌。

随着时间的演替，民居墙体往往呈现出材料的混搭组合，组合形式共有3类（图3.8）。

石头主墙＋红砖山尖墙

石头主墙＋转角红砖

石头底围＋红砖主墙＋山尖墙水泥抹面

石头底围＋石板过渡＋红砖主墙

石头底围＋石头主墙

石头底围＋石头主墙

图3.8　民居墙体组合方式

第一类是以石墙为主、红砖为辅（图3.9），在转角处或垂脊形成的三角处或墙体四周用红砖进行装饰：石头主墙＋垂脊形成的三角处的红砖、石头主墙＋转角处的红砖、石头主墙+周边红砖。

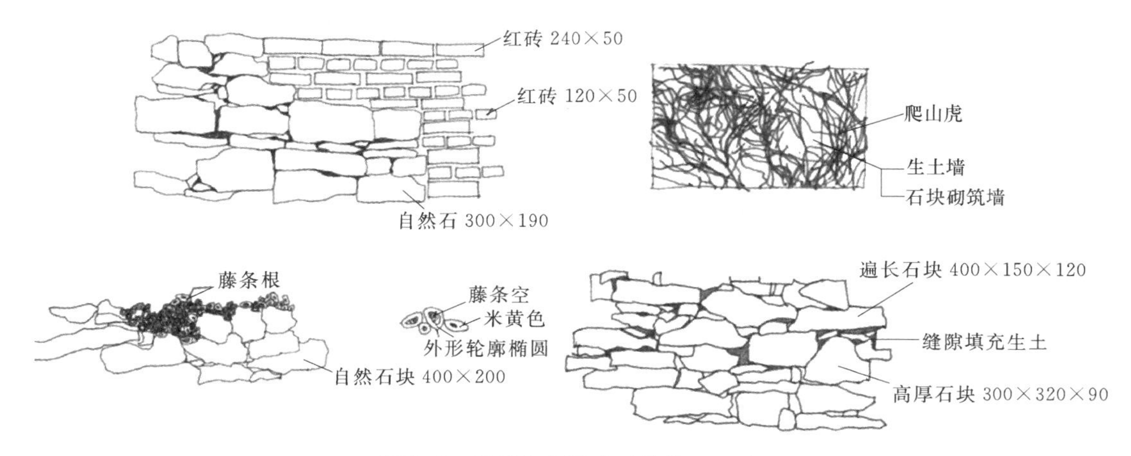

图 3.9 石墙组合形式（单位：mm）

第二类以红砖为主、石材为辅，在墙体底部或垂脊形成的三角处用大规格石材或打磨处理的石材进行装饰，在材料的交界处常用向外突出大约 5cm 的石板进行过渡：底部石头+过渡石板+主墙红砖、底部石头+过渡石板+山尖墙水泥砂浆抹面。

第三类墙体全部是石材，在体量上会有变化，底层采用 50cm 的大石块，上层采用厚 3～10cm 的石块堆砌形成干插石石墙。

有的墙体外围采用纸筋石灰抹面处理，并配置有攀援植物爬山虎，绿色柔软缠绕的枝叶与土灰色硬质斑驳的土墙或石墙相得益彰，这类墙体年代较为久远。还有的石墙与藤条组合形成质朴的墙体景观。现在建造的民居多是在外围粉刷水泥砂浆或瓷砖贴面或水刷石的处理（图 3.10）。

图 3.10 水泥抹面的民居墙体形式

3. 民居装饰及构件

（1）装饰纹样。村民在石材上喜雕刻简单图案，装饰主题多为平安、健康、长寿、多福、多子、多财，装饰题材主要以文字类、植物类、锦文类、祥禽瑞兽类为主（表 3.1）。

（2）正脊形式。鲁中山区民居正脊“重实际而黜玄想”，装饰性颇为少见。屋顶正脊的处理可分为人字形草编、人字瓦与半筒瓦。

表3.1 民居装饰纹样

类型	装饰内容
文字类	福-禄、福-寿、吉-祥、勤-俭、康-宁、锦绣-前程、阖家-幸福、繁荣-富贵、风华-正茂
锦文类	云纹(祥瑞)、卍字型(富贵)、回纹(绵延不断)、如意纹、铜钱纹
植物类	菊花(安居)、莲花(多子多福)、石榴(多子)、牡丹(繁荣富贵)、葵花(子孙满堂)、竹子(君子正气)、藤蔓植物(绵延不断)
祥禽瑞兽类	蝙蝠(多福)、鹌鹑(平安)
器物类	花瓶(平安)、绶带(长寿)
组合类	梅兰竹菊(君子)、石榴+桃+佛手(多子、多福、多寿)、喜鹊+梅花(喜上眉梢)

人字形草编盖顶的主要材料是麦秸或者谷子秸秆,以“束”为单位,在屋面的顶盖完成之后将材料编织成“人”字形,将屋脊完全覆盖住(图3.11),为了确保与屋面有效结合且更好的避免自然风力的破坏,每隔一段距离都用薄薄的石板压住。人字瓦与半筒瓦是民居正脊的主流,脊头部位被部分家庭装饰以红色的砖石,有简单的交错处理,还有蝎子尾巴形或象牙形的精致雕刻。

图3.11 人字形草编盖顶

(3)垂脊形式(图3.12)。研究区域内民居垂脊的处理主要有3种形式:①利用厚6cm左右的片石压边(俗称“四不露毛”)(图3.13);②红砖进行压边,在屋檐处用1~

图3.12 垂脊的形式

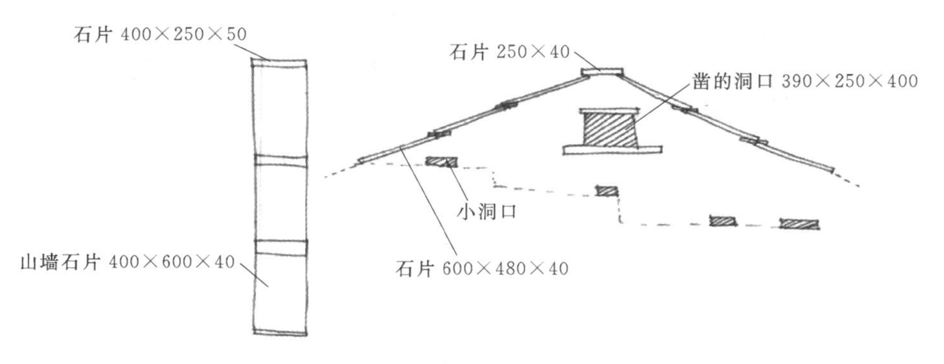

图3.13 片石垂脊的处理(单位:mm)

2 块砖砌筑作为收边，并且有三皮砖出挑在山尖墙砌筑的博风地方作为基础，这样的特征让整个屋檐看起来有厚重感、稳定性；③瓦片压边处理，主要处理方法是垂脊的位置不用红砖堆砌收边而是直接用瓦片覆盖，屋檐看起来略显轻浮和单薄。

（4）封护檐形式。封护檐是指和正脊平行的前后屋檐处，常将檐口封砌起来，美观且具有保护屋檐的作用。多用红砖形成不同的组合方式（图 3.14），也有直接用凸出墙体 15cm 左右的片石进行压边处理（图 3.15）。

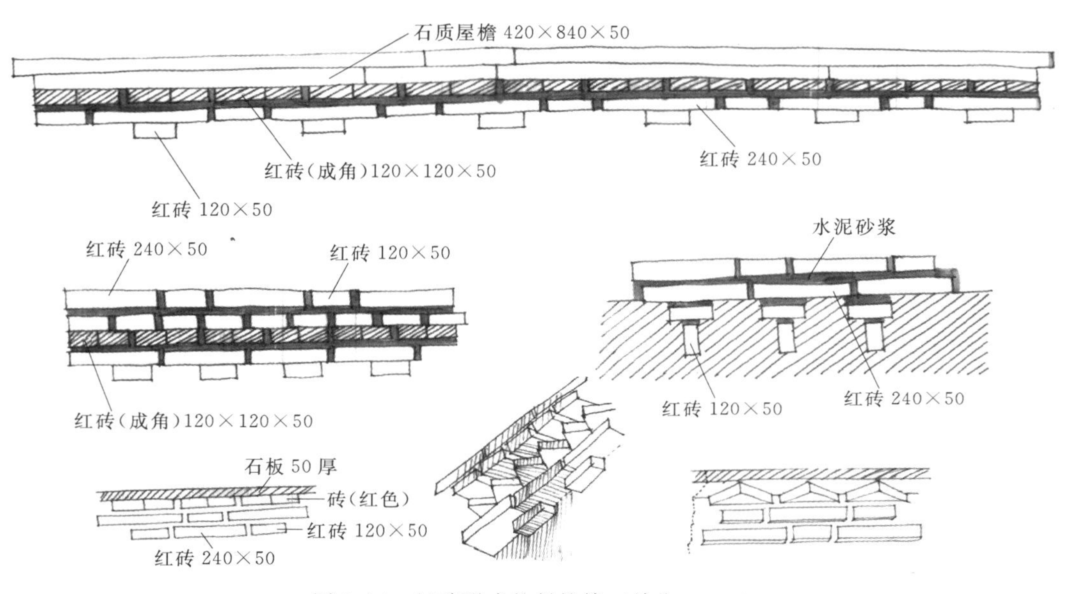

图 3.14 红砖形成的封护檐（单位：mm）

图 3.15 封护檐的形式

（5）墀头形式。墀头是硬山山墙伸出的部分，分为上中下 3 部分，上部分被称为盘头，以曲型为主，有挑檐的作用；中部为肚兜，又称炉口，是整个墀头最为重要精彩的部分，其装饰纹样主要是一些喜闻乐见的纹样图案；下部为炉腿，也称花墩。

盘头的挑檐石体量较大，厚度约 20cm，宽度 36cm，长度 90cm，约 20cm 裸露在墙外，挑檐石前端和后端常做圆弧处理。肚兜石材厚度约为 12cm，其上有祈祷和祝福寓意的字体和图案雕刻。肚兜周边常有莲花柱和卷轴型的加工处理工艺。炉腿的石材凸出墙体，呈弧线状或与墙体呈垂直状。在此次调研的地区，墀头大多是粗犷的直曲线相结合，但又不失细腻，处理手法不仅富有层次感，而且简单、大气、稳重（图3.16、图3.17）。

图3.16　墀头形式1

（6）镶门镶窗。传统的门窗材料主要以木材为主，近期建造的门窗材料开始使用不锈钢、铝塑材料。在墙体腰线、门窗上部转角进行材料或形式的对比或雕刻纹样（图3.18）。

（7）山花眼。为了使空气对流通畅，在两个山墙处各留了一个孔，称为山花眼（图3.19），有的村民认为房子山墙上的山花眼代表人的两个耳朵。

（8）女儿墙。民居屋顶四周围的矮墙，主要作用是维护安全，并对建筑立面起装饰作用（图3.20）。

4. 民居景观小结

民居景观是乡村居住生活的重要体现，鲁中山区民居景观共性特质体现在组成要素、尺度大小、空间体量、材料组合、形式形态等方面。

民居由正房、厢房、倒座和围墙组成。总起来讲，空间体量较小，呈现材料的混搭组合，以石材和红砖为主，辅以木材和瓦片。形式简洁质朴，主房呈硬山式屋顶，常出檐，其他房间多是平屋顶。民居装饰以简单图案传达美好生活意愿。民居构件形态简洁，形式鲜明，组成丰富，有女儿墙、山花眼、镶门镶窗、封护檐、墀头、正脊和垂脊。

3.1.3　院落空间

鲁中山区乡村民居院落为四合院，受制于山地地形的影响，院落不是绝对的方正和对称，方位也不全是坐北朝南。

1. 院落形式

以院落已有的房屋建筑的平面分布确定院子的平面形式主要有一合院、二合院、三合院和四合院（图3.21）。

一合院仅有正房，其他三面作院墙，在正房两侧常布置耳房。鲁中山区一合院数量很少，大多也已荒废。

二合院是在两个方向上设置建筑，正房和一个厢房或正房和倒座，其他两面设置围墙，院落面积开阔，此种类型也较为常见。

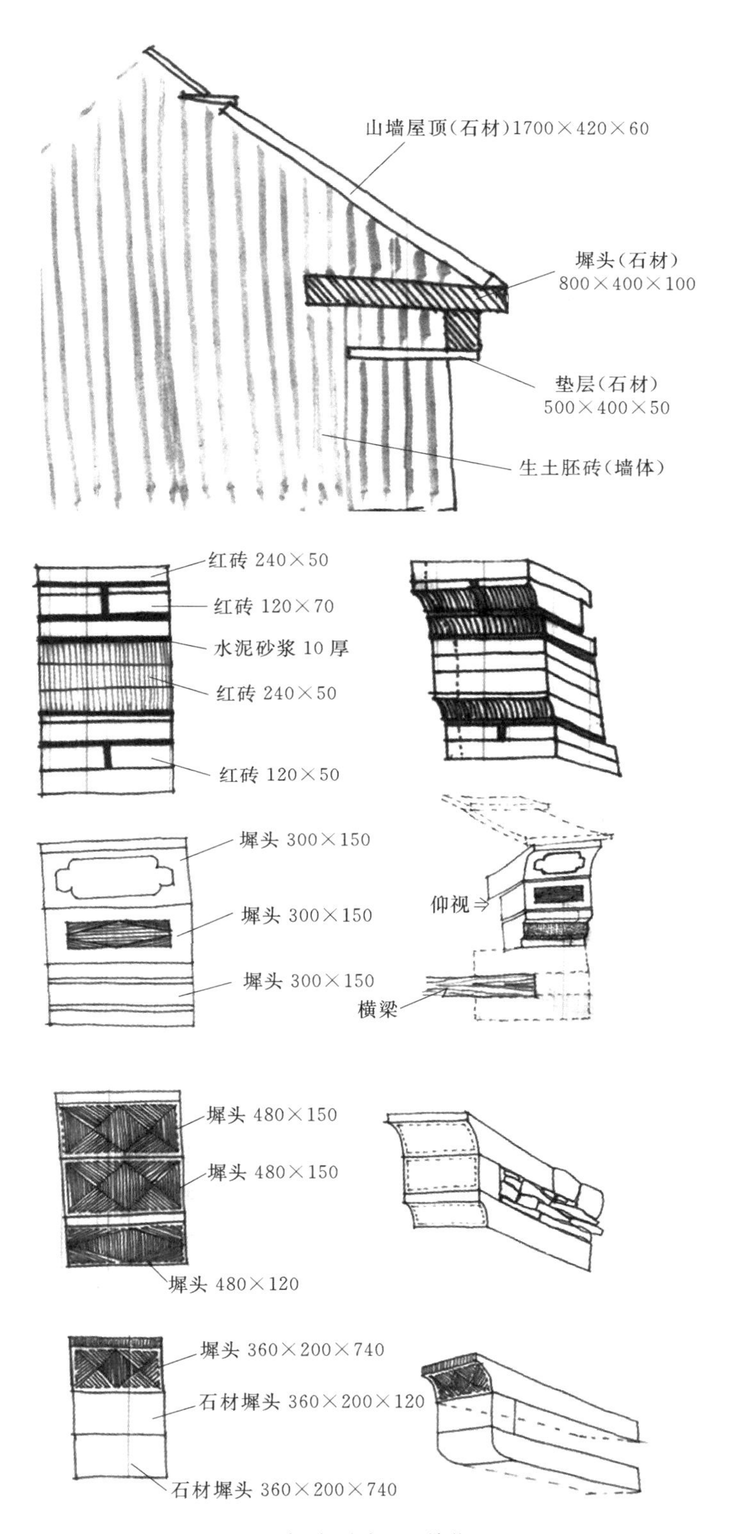

图 3.17 墀头形式 2(单位:mm)

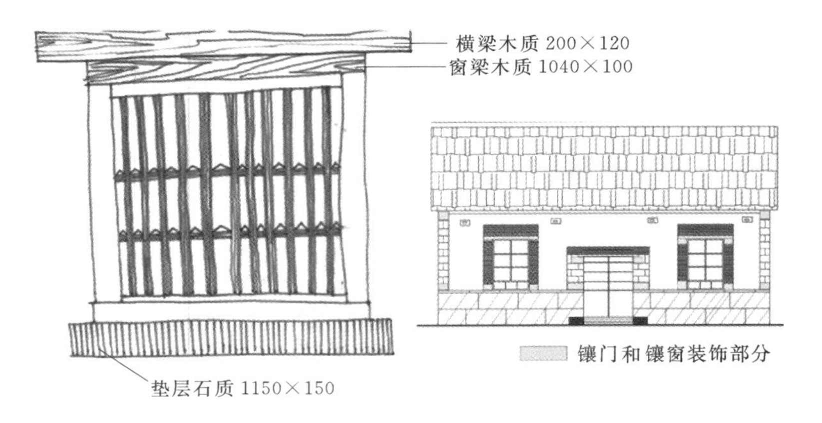

图 3.18　镶门和镶窗（单位：mm）

图 3.19　山墙山尖

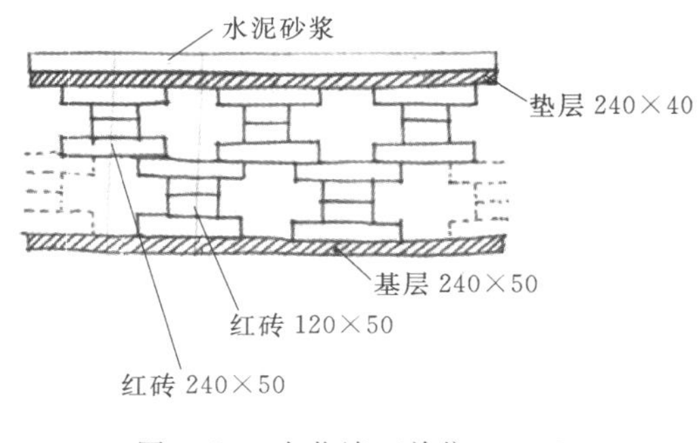

图 3.20　女儿墙（单位：mm）

三合院较为常见，适应现在较少的人口数量。包括正房、左右厢房和一面墙，没有倒座，院落入口和四合院相同。

四合院是院落的四个方位上都有建筑，正房、倒座和左右厢房采用门楼的形式或利用厢房的一间作入口。四合院虽功能房间多，但是院落空间较为拥挤。

以院落轴线和山地等高线在空间分布的位置为参照，院落分为垂直于等高线的院落和平行于等高线的院落。院落轴线平行于山地等高线的布局时，正房山墙、厢房后墙及院门是街巷景观的主要界面，垂直于等高线的布局时倒座的后墙和院门是街巷主要界面。

2. 院落空间

最能使居住者感到舒适的布局方式是以院落为中心布局，此类空间不稳定均衡且内向。鲁中山区乡村多是农舍型院落，日常生活和生产活动是相互辅助、融为一体的。院落

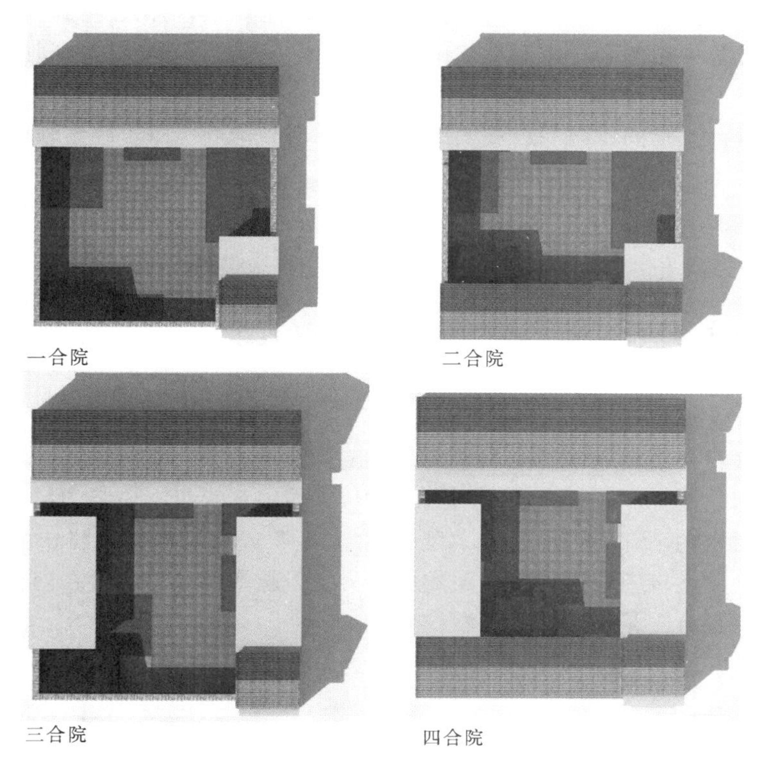

图 3.21 院落形式

里有农业生产活动中最具代表型的猪圈、牛棚、鸡窝等饲养牲畜的设施，还有小规模的种植用地可以提供日常水果蔬菜需求量，在院落中还会进行餐饮、赏景、嬉戏、招待宾客等活动。所以院落空间由活动空间、附属设施及庭院绿化 3 部分构成（图 3.22）。

家畜的饲养用房一般在院落外围，地形低处，如果置于院内则为院落西南角。现在仍居住在乡村的农户养大型家畜的不多，鸡舍比较常见，院内院外设置的都有。地窖是传统民居中重要的储藏空间，采用地下式，人们使用地窖来延缓食物的变质。

3. 院落空间小结

院落空间是乡村中村民的私有

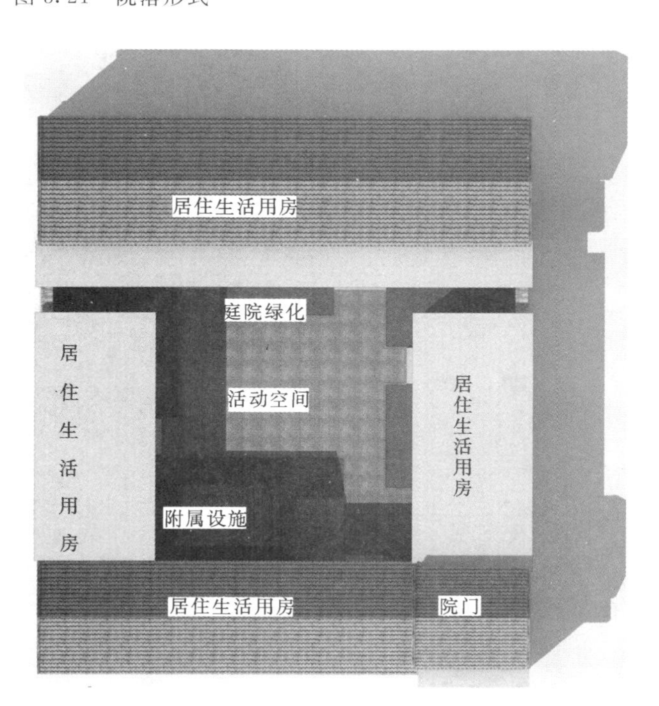

图 3.22 院落空间组成

公共空间，是小家庭日常生活、娱乐和交流的空间。这类私有公共空间与小型住宅的民居形式配套，组成鲁中山区乡村空间形式中最基本的空间单元，是乡村空间的生活细胞，是区别城市居住空间与乡村居住空间的核心要素。鲁中山区院落以二合院和三合院居多，空间尺度较小，由活动空间、附属设施及庭院绿化三部分构成，由于院落轴线垂直于等高线和平行于等高线不同的位置关系而呈现出多变的立面组合形态。

3.1.4 院门景观

院门是我国传统文化中十分重要的精神空间，具有纳气、引导和交往的作用，是宅主人地位和审美的外部表征，体现主人的优良家风和美好生活愿望，“大门吉，则全宅皆吉矣，房门吉，则满房皆吉矣”。

1. 院门形式与尺度

鲁中山区乡村传统民居宅门有屋宇式及墙垣式两种。

屋宇式宅门（图3.23）注重纹样（图3.24），在墀头部位有一定的纹样装饰，横梁垫石在门框横梁过木的下部，上面写着“风华”“正茂”或绘有植物纹样；腰线上有块石雕刻的纹样装饰，图案以苍松和古梅一类的植物为主，腰线的垫石通常在门框的一边；门枕石以方形为主，仅有少量刻有文字和图纹。

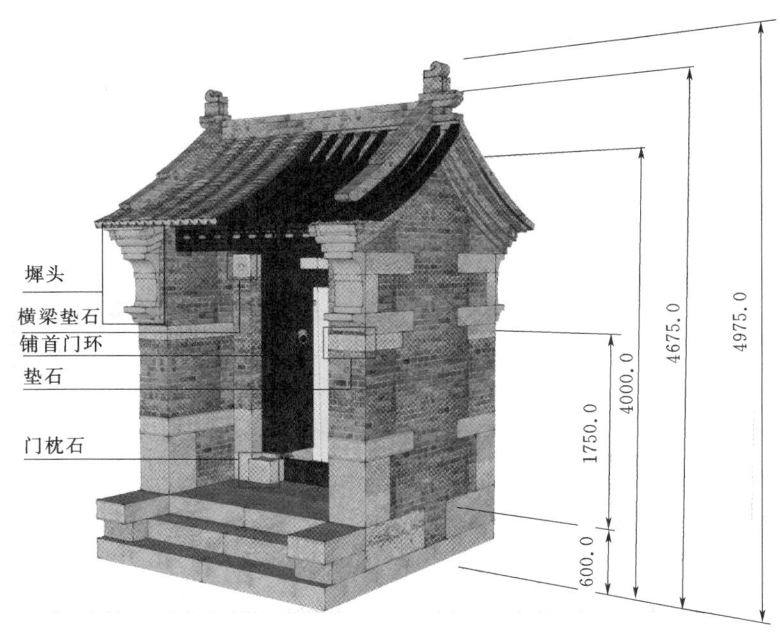

图3.23 屋宇式宅门（单位：mm）

墙垣式宅门没有门楼，主要利用石垛墙安装篱笆门（树条编织）、木栅栏等，此时的门在某种意义上仅是一个豁口而已（图3.25）。

2. 院门功能

（1）纳气及附带功能。根据八卦中被称为吉祥位的“巽”位理论，院门通常位于靠南面的墙体东南角或是倒座房的东南角较为开阔的位置。依照中国传统宇宙观和风水堪舆学

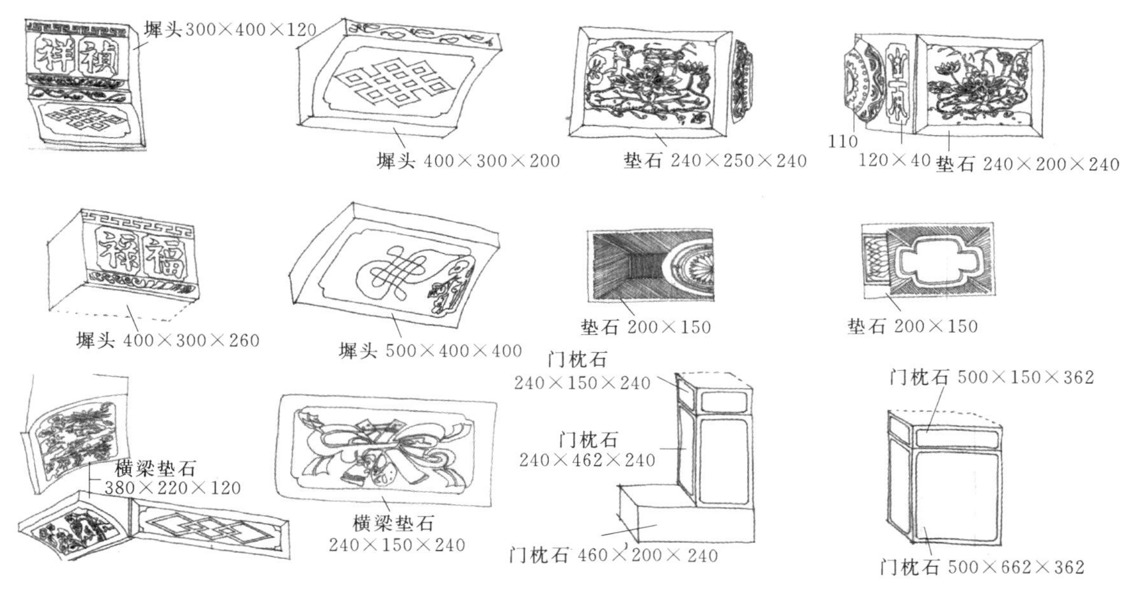

图 3.24 屋宇式宅门的纹样（单位：mm）

里的“天气从上，缺处入，障处回，宜采入收围”“直来直去损人丁”，通常在东厢房对着院门一边的山墙上设置影壁，进入院门正对着照壁，在视觉上减少了邪气和对冲的感觉，“气”的流通同时营造了进门时的景观，具有保持整座宅院安全、安静及私密性等作用，同时增加了空间的趣味性和引导性。

（2）交往活动场所。在农村，门前常常是人们交流的主要场地，民居大门通常与相邻的房屋平齐或者凹进去一些距离，形成阴凉空间，是村民活动最活跃的“阴角”，并且具有导向作用，为街巷增添趣味（图 3.26）。

藤条 ϕ20mm

铁棍 ϕ10mm

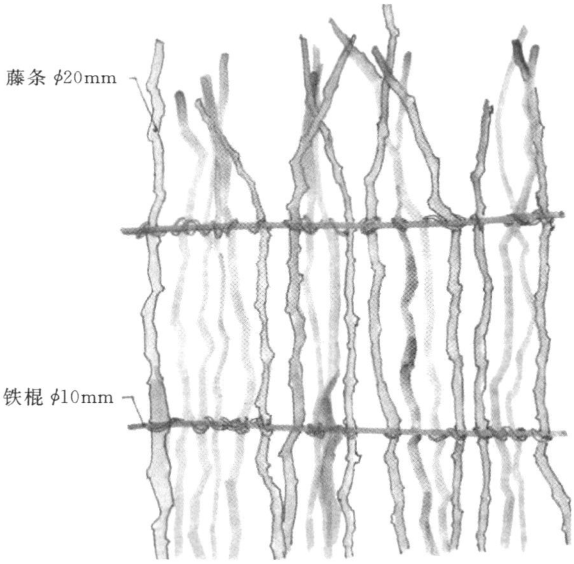

图 3.25 墙垣式宅门

（3）彰显寓意的功能。屋宇式宅门的每一处细部构件都寄托着宅主人不同的精神寓意，质朴中流露出典雅，强调了入口空间的礼仪性。

3. 照壁

在大门内或外设置一堵墙，即为照壁，大门内的照壁称为内照壁，位于大门之外的为外照壁。作为鲁中合院式进门处的主要结构，照壁由座、身、顶三部分组成，设有装饰，对视觉具有一定的遮挡，形成景观，丰富门口区域，同时疏通了大门的“气”。除此之外，

图 3.26 院门“阴角”空间

外照壁还可以有效增加街巷空间的层次。外照壁做法简单，用石材、砖或土堆砌出长约2.5m、厚约0.25m、高约2m的自然裸露墙体，在墙的上部进行收顶压墙的处理（图3.27）。

4. 院门小结

院门这一空间要素是连接私有公共空间（院子）和公有公共空间（街巷）的纽带，是村民对外展示的重要窗口，是家风文化和审美情趣的集中承载空间。鲁中山区乡村院门多用石与木形成，粗犷质朴，装饰主要以表达生活美好为寓意。但随着时代的变化，出现了许多形式不统一、颜色鲜艳的铁门，较为粗糙，审美趣味较落后，不利于展示乡村传统文化。形式简洁、材料质朴的外照壁也是鲁中山区乡村院门景观的特质之一。

图 3.27 外照壁

3.1.5 街巷景观

主街是乡村的主要骨架，在较为开阔的平地上平行于山体等高线，与其他巷道垂直和斜交（图3.28）。山区乡村的街巷空间具有交通联系的功能，是节点空间的交通纽带，是生态系统中重要的廊道，是景观结构中重要的线性景观，还是村民们户外重要的生活交流活动空间。

1. 界面形式与材料

由于乡村依山就势而建，多数街巷平面上呈折线形或曲线形，在竖向上起伏变化较大，呈现出不同的街景效果，给人带来更多的期待感和神秘感，更增添了街巷的审美情趣。主街铺装材料大多是水泥，或者中央部位用大块片石、两边以自然小型石块装饰，巷道中间多块石、两侧为泥土（图3.29）。

乡村街巷的垂直界面主要包括紧邻街巷的建筑墙体、围墙、山体及小品设施。由于山地的地形变化，街巷建筑或墙体的垂直界面有时位于挡土墙之上，有仰视之感，有时呈半

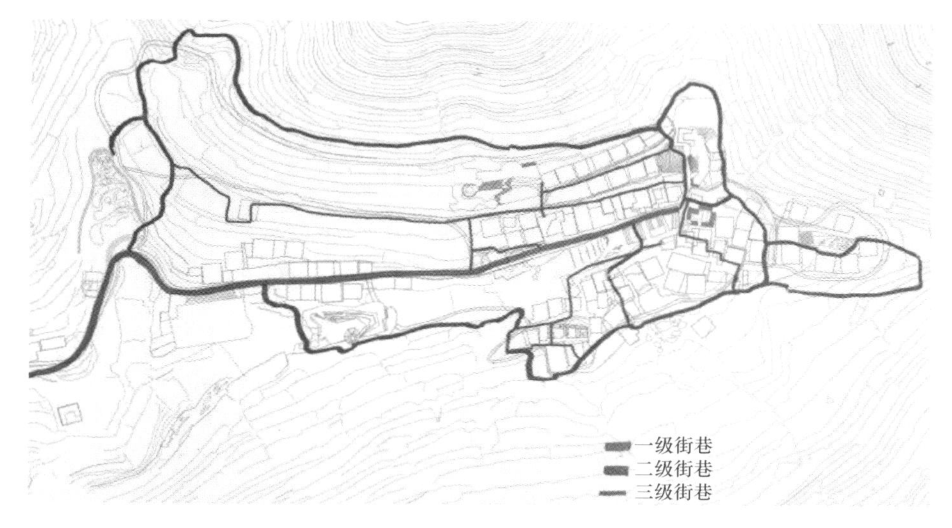

图 3.28 乡村街巷布局关系

图 3.29 乡村街巷铺装材料

地下式，屋顶触手可及（图 3.30）。硬山式屋顶、墙体立面、不同高度的挡土墙、外照壁、绵延山体等元素的不同组合丰富了街巷空间。灰空间的大门与大面积的实体墙面构成虚实对比、直线与山体的曲线和硬山式三角斜线构成线条对比、不同高度的要素构成竖向对比、植物软质与建筑硬质的对比，这种丰富的街景效果是城市所不能比拟的。

2. 街巷空间的尺度

街巷两侧建筑界面高度（H）/街巷宽度（D）的比值引起人们不同的视觉及心理感受（图 3.31）。

在调研区域内主街的高宽比（H/D）一般在 0.5～2 之间。这是因为主街的宽度一般 3～5m，两旁的建筑高度一般也是 3～5m，而

图 3.30 乡村街巷行走视线

高宽比	观察者视角	视觉及心理感受
H/D	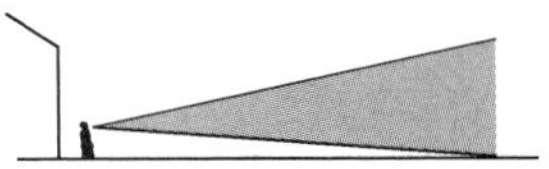	道路一侧没有民居墙体，而是自然的地形地貌或梯田景观，巷道空间开阔，给人心旷神怡、神清气爽之感
$H/D=1/2$	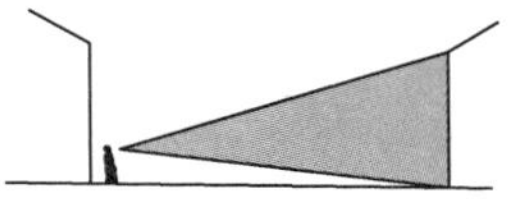	人能观察到单体建筑全貌，空间感开阔
$1<H/D<2$	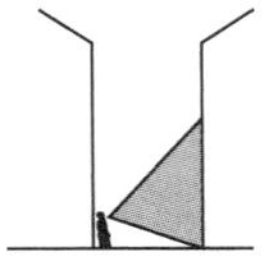	空间较封闭，能看到建筑的下半部，人的视线容易集中到细部，空间感觉比较紧凑，显得繁华热闹
$2<H/D<3$	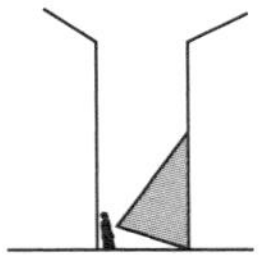	夹景的通行感受，空间封闭易于感知细部，常常会诱发人们对墙体的触摸，放慢脚步，展开想象。同时突出道路尽头的对景

图3.31 乡村街巷空间尺度

山区的民居一般建在地势相对主街稍高的位置，使得街巷高宽比（H/D）最大可以到2，属向心内聚、安定亲切的空间心理感受。

对于乡村巷道而言，街道的高宽比有3种不同的类型：①$H/D=2\sim3$，巷道宽度一般是1.5～2m，而两旁的民居和墙体高度仍然是3～5m，这种空间尺度是夹景的通行感受，空间封闭易于感知细部，常常会诱发人们对墙体的触摸，放慢脚步，展开想象，同时突出道路尽头的对景；②$H/D=1\sim2$，巷道宽度还是1.5～2m，巷道两旁的民居和墙体高度3～5m，但是由于山体地形造成巷道垂直面的可视高度比建筑实际高度减少，所以形成的空间介于封闭与开敞之间，称为半封闭空间，这种街巷尺度也易于感知细节，视线较为放松；③虽然巷道宽度还是1.5～2m，但是道路一侧没有垂直界面，也就是没有民居墙体，而是自然的地形地貌或梯田景观，巷道空间开阔，尤其是经由不同方向的封闭巷道来到如此空间，给人心旷神怡、神清气爽、世外桃源之感。

所以，在街巷行走可以获得三远视景的感受。仰视高远：当仰角大于45°、60°、80°、90°时可产生高大、宏伟和崇高、威严的不同感受。俯视深远：俯视角小于45°、30°、10°时产生深远、深渊和凌空的不同感受。中视平远：以视平线为中心的30°夹角视场可向远方平视，给人以广阔宁静的感受，坦荡开阔的胸怀。

3. 街巷景观小结

街巷空间是乡村中重要公有公共空间，是内部交通、村民生活、娱乐休闲的重要承载空间。其空间结构是鲁中山区乡村景观特征需要关注的重要内容，街巷空间与周边界面的不同围合方式是界定其空间类型的重要依据。乡村街巷空间的形成与乡村长久的农业生产方式和生活习惯密切相关，是人性化设计的终极表现形式。鲁中山区乡村主街多平行于山体等高线，与其他巷道垂直和斜交，呈现出树状有机结构特征，连接乡村公共活动空间（活力空间）和每家每户的院落空间（生活空间），而且街巷空间尺度和界面多变，具有丰富的视觉体验。

3.1.6 集会文化空间

集会空间和文化空间在山区乡村的数量不多，区别不明显，常常是一地多功能，所以统一纳入集会文化空间的范畴，研究空间的形式、功能、尺度。鲁中山区乡村的节点空间多是25～80m²，尺度宜人，感觉亲切，是村民交往活动的重要空间。

1. 按功能分

(1) 集市空间。古往今来的集市都不只是单纯的物品交易场所，更是村民日常娱乐休闲的最佳选择，在交易同时村民们还可以通过交流获取各种信息等。这种开敞式空间一般是村子入口处和主街旁日积月累下形成的广场空间。火窝子村的集市广场地理位置和人文条件都很优越，紧挨着本村主街道，地势也较周围低一些，地形平坦，占地近100m²，仅有一处体育设施（篮球架），场地周围住有村民，隔天就会有出售日常用品的商贩来进行交易，形成了多彩的贸易场所（图3.32）。

图3.32 火窝子村集市广场

(2) 休闲性空间。鲁中山区休闲性广场包括3个方面：①设有宗祠、宗教庙宇、戏台等设施的场地，成为村民日常休息、交往活动的场所；②朝向采光位置好的民居门口也往往成为村民的休闲广场；③因磨盘和古树形成的空间，虽然古井磨盘的实际作用已经不复存在，但是构筑的公共空间仍然是村民日常活动娱乐的重要场所。花甲峪村天齐庙的入口附近，场地开阔，地势平坦，三面山体环绕，一侧视线开敞，可俯视梯田，小气候优良，虽然这里庙会活动较少，却是村民最主要的休闲空间，村里唯一的篮球架便安置于此（图3.33）。

图3.33 花甲峪村休闲广场

2. 按位置分

(1) 乡村入口空间。入口空间是乡村的

起始点，常结合照壁、古树门楼等要素形成入口广场，成为乡村的重要节点，与主街直接相通。但是调研区域内多数乡村的入口空间并不明显。如图3.34所示，这是没有任何乡村印象和标识的南龙湾村入口空间。

图3.34 南龙湾村入口

图3.35 石门沟村街巷节点

(2) 街巷节点空间。主街与巷道的交叉转折处，院门外部空间或局部凹凸变化而形成的集散节点区域都可以成为街巷节点空间。往往伴随着有宗教意义的房屋建筑、唱戏搭的戏台、水井构筑的台子、石磨碾、老树，形成该区域的地标，也是村民心理情感和地域空间的重要场所甚至是标志性场所，其平面形式往往是街巷形式的局部扩大。如图3.35所示，这是石门沟村的街巷节点，视线开阔，通过石材垒出接近弧形的边界，也可休憩。

3. 按物质要素分

(1) 古树。鲁中地区几乎每座传统乡村都有树龄已逾百年的古树，例如积米村和拔槊泉村的古树（图3.36）成为了村民的信仰，对古树充满着敬畏之情。古树见证了乡村的百年成长，不同年代的村民在树下谈论家常、纳荫乘凉。古树空间是乡村中重要的生活交往空间和标志性空间。

图3.36 百年古树

(2) 水井。水井是人们日常生活必要性生活设施，打水也就成为村民共同的户外必要性活动。水井位置一般不明显，地势较低，井口呈圆形，地面常用片石铺装，周边常用石头堆砌成半围合状态，沿墙基部设有方便排雨水和生活污水的暗沟，完善功能性的同时还可以避风，同时具有强烈的空间和层次。

(3) 石碾。石碾的主要操作特点是碾磨谷物耗时长，所以村民逗留时间也随之变长，一个村子里的石碾数量很少，所以使得村民交流有了集中性，也增加了见面的概率。在鲁中传统乡村中最常见的景象就是老人们围碾而坐，孩子们玩笑嬉闹。虽然现在人们利用磨坊磨面，但村民包括城市人都普遍认为石碾碾出的粮食做饭香。石碾附近一般都会有大树，这是因为人们碾研谷物和休闲交流时需要荫凉的环境。

（4）粮仓。传统农业社会粮食供应不稳定，粮仓是山区村民必备设施。老泉村一处粮仓高约4m，粮仓的主体材料是当地的生土掺杂了一些草筋和麦秆，和水之后夯筑而成，主体高约3m，其上是粮仓的草顶子，底部用石头材料做了防潮措施，粮仓敦实质朴，保存比较完整（图3.37）。调研区域内大部分粮仓已不再使用。

（5）公共建筑。研究区内的乡村，可能因为经济不济、交通不便、家族较小或藏富不露等原因并未看到宗祠的踪影。调研区域主要包括赐子孙的观音庙、掌管降雨的龙王庙、天主教堂。但是大部分的乡村并没有围绕这些公共建筑形成公共空间，究其原因是自身的体量较小，形式缺乏特色，再有位置较偏僻，在乡村内部不临主街。而佛峪村的观音庙至今仍在发挥作用，观音庙体量庞大，垂直于等高线布置，视野开阔，且紧邻主街，以观音庙作为空间的物质和精神主体形成了面积较大的节点空间。

图3.37 粮仓

4. 集会文化空间小结

集会文化空间是扎根于村民记忆中的地标性空间，村民集聚较多。值得注意的是，庙宇祠堂的衰败代表着鲁中山区乡村宗族文化的衰落，乡村的外部空间秩序出现了较大的松动。集会文化空间呈现多样化趋势，分布呈散点状，多位于主街旁，且功能侧重于集市或休闲，空间主体要素明确，常是百年古树、挖掘的储水井、碾农作物的石磨等具有公共属性的物质实体周边，利用老树下避阳、压井取水、石碾磨面时，谈谈世事变迁、家长里短，让整个空间充满人性化。

3.1.7 精神文化景观

精神文化景观包含两部分内容，一部分是民居、庙宇、戏台、门楼等建筑及以建筑为中心形成的空间。鲁中山区乡村缺少明显的庙宇、戏台、门楼的文化空间，文化空间和村民活动集会空间相互渗入，没有明显的区别，这部分内容在之前的集会文化空间环节已做介绍，在此不再赘述。这里主要介绍非物质文化遗产的内容，也就是精神文化景观的第二部分内容。

1. 精神文化景观类型

社会发展的历史实践过程中形成了各种不同形式的精神文化都可以被称为非物质文化遗产，大致可以分为3部分：①与自然环境相适配产生的，例如哲学和艺术；②与社会环境相适配的，例如文字和语言；③和物质文化相适配的，例如机械和仪器。鲁中山区较有特色的非物质文化包括鲁中具有地域性的民间戏曲、民间传统节日、民间庙会和宗教活动、耕-耙-耱-压-锄相结合的旱地耕作技术。

（1）民间戏曲。早期的鲁中山区有搭戏台唱大戏的传统，最具特点的戏种是秧歌戏和山东梆子。唱大戏是民间的一种具有信仰意义的公共行为，例如干旱季节在龙王庙前搭好戏台为龙王爷唱戏以求降雨；还有每逢中秋节唱的“秋拜戏”也是为了感谢神明，演出内容也主要以神明题材为主。传统剧目大都在农闲和庙会时演出。如今，乡村呈现衰败形式，唱大戏的场景已不常见。

（2）民间传统节日。除了春节、元宵节、中秋节、端午节等常规节日外，部分乡村每到“立秋”之日，全村聚在一起喝“举人粥”。“举人粥”的用料主要是村里每家每户贡献出来的杂粮放进村里的大锅内煮制，“共喝秋粥”为村民提供了绝佳的交流机会。另外后岭村现在还有秋收后一起推碾的习惯，还倡导谦恭礼让的“君子不争”“热情待人”的理念。

（3）民间庙会和宗教活动。鲁中山区乡村庙会和宗教活动依然存在，花甲峪村的庙会（天齐庙）在暮冬初春举行，会吸引成百人的进香者。据记载传说，大唐时期，庙宇所在的山叫“千佛顶”，是“五岳独尊”泰山的延伸山脉。当时佛教盛行，人民安居乐业，远观千佛顶，山下有泉水，山上森林茂密、古柏参天，处处鲜花异草，古树奇石，景色非常秀丽。山上建庙占地30余亩，佛像200多座，住僧人百余，香火旺盛。后来，由于兵荒马乱，地理地貌的巨大变化，此山的寺庙建筑群早已不见踪影，只留下碎砖瓦片，村民捐款集资又重修此庙。

（4）耕-耙-耱-压-锄相结合的旱地耕作技术。山区乡村水源缺少，通过耕-耙-耱-压-锄相结合的旱地耕作技术可保住天然雨水，是利用旱地资源的有效措施。

耕要尽早，而且最好随耕随耙随耱，借以尽快地消灭犁垡耙沟，减轻跑墒。翻耕是传统旱地耕作的核心内容，翻耕是指使用犁等农具将土垡铲起、松碎并翻转的一种土壤耕作方法，作业深度一般为15～30cm。秋耕的耕地要尽早地镇压，镇压不仅能以保墒，还能够提墒，通过镇压把松软的土壤结构变得紧密，使得地中（非地下）的重力水，依仗毛细原理、顺着毛细管提上来。锄地也是很重要的一环，“暑天锄上一层皮，强似秋后犁一犁”可见其效果显著。

勤劳的鲁中人善于利用身边的花草树木制作原生态的食物和生活用品，榆树的榆钱、槐树的槐花、地瓜的叶子、田里的茅草、树木的枝条都是村民们的制作原材料（图3.38），这也是鲁中山区乡村非物质文化的内容。

2. 精神文化景观小结

精神文化景观主要体现在宗教习俗、日常生活和农业生产中，是长期形成的精神寄托和生产生活方式的外在表现。在发展的历史实践过程中鲁中山区乡村非物质文化的内容多来源于生活和生产，例如耕-耙-耱-压-锄相结合的旱地耕作技术，重视传统节日的习俗，倡导谦恭礼让的“君子不争”“热情待人”的理念，乐于参加庙会和宗教活动，善于利用身边的花草树木制作原生态的食物和生活用品等。

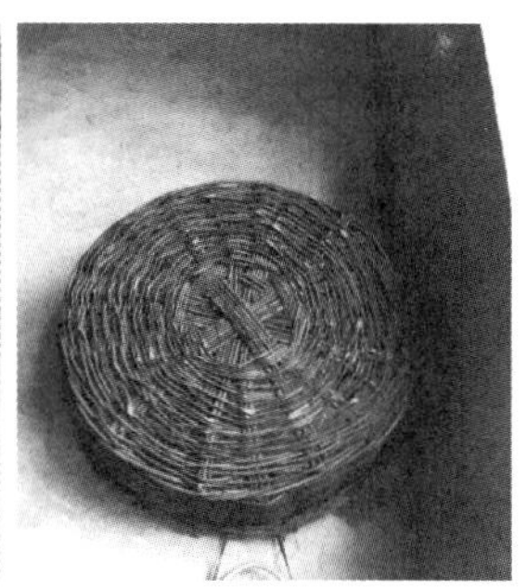

图 3.38 鲁中山区乡村生活文化

3.1.8 经济生产景观

农业是目前鲁中山区乡村最主要的产业，所以农业景观是乡村经济生产景观最主要的表现形式。山区的农业用地较分散，比较集中的农业用地是顺应地形的梯田景观（图 3.39）。梯田解决了山区用地紧张的问题，体现了人与自然的和谐共处。梯田功能主要是对原本的土地坡度做出改变从而实现储存雨水、增加土壤水分、防止水土流失，以期在保土、保水、保肥的基础上提高农作物单位面积产量。梯田按隔断面的不同分为水平、坡式、反坡、隔坡和波浪式 5 种样式（图 3.40）；按地埂砌筑材料分为土坎梯田、石坎梯田等；以种植的作物不同分为水稻梯田、干旱作物梯田、水果种植园梯田、茶园梯田等。

图 3.39 鲁中山区梯田景观

在调研区域内，梯田经过不断改进建设，形成了功能良好又美观的梯田景观，鲁中山区梯田按断面形式属于水平梯田，按建筑材料属于石坎梯田，按种植的作物属于旱作梯田。

1. 形态结构

在垂直水平上，梯田断面的构成要素有田面宽度、田坎高度和田坎侧坡 3 部分（图

3.41)。坡度越大，田面宽度就会依次递减，最窄的甚至不足2m。种植麦子和玉米等农耕物的地段主要是山谷地段，因为地势原因，山谷地段田面较宽，比较适宜种植农耕物。田坎的砌筑高度一般为0.9～2.0m。在山体山谷部分通过提高田坎砌筑高度来获得较大的田面宽度。水平尺度上因为山坡与山谷的交替变化，梯田肌理（从田面宽度来说）大多以线状或面状为单元交错相间。

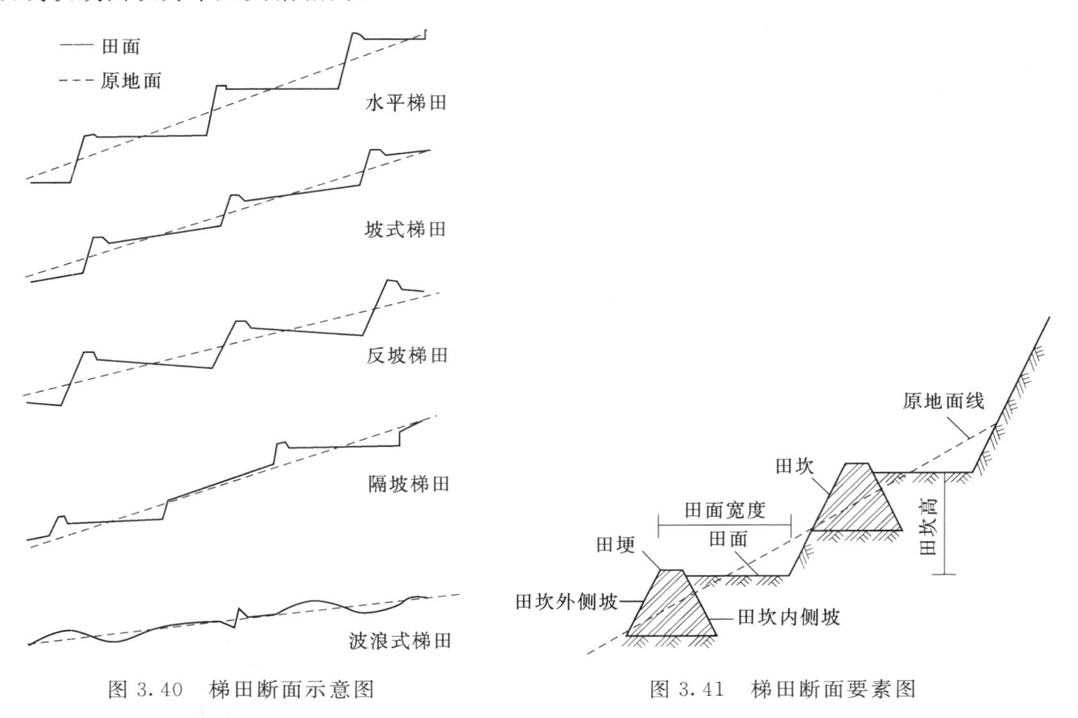

图3.40　梯田断面示意图　　　　图3.41　梯田断面要素图

2. 种植结构

梯田在种植结构上可以分为两种：①较单一的农作物种植模式，田面上种植同一种农作物，如小麦、谷子、地瓜、中草药类、山楂、花椒等；②复合种植模式，经济树种分布在田的周边，田面种植小麦、谷子、地瓜等农作物，田面与田边或地埂上的种植布局在保证经济效益的同时还增加了田地的自护能力。

3. 经济生产景观小结

鲁中山区乡村经济生产景观是梯田，而普遍存在的问题是经济生产景观缺少附加值的创造，无法产生服务产业带动经济发展。应加强将乡村的农业景观向城市居民展示的力度，增加城市居民参与到农业景观的机会和平台。

3.1.9　自然生境景观

自然生境是乡村景观的基底，是乡村赖以生存和生活的物质基础，包括山地、水体、植物、动物、土壤、石材、气候、温度和风向等。

1. 山地

我国的历代大家对山地一直有着特殊热爱，如园林家李成最钟于山地，“自成天然之趣”。山地的地形地貌也影响着山区的温度、土壤、降水量、光照等自然因子，是山区乡村景观丰富性和特色性的根本原因（图 3.42、图 3.43）。

图 3.42 被山地环绕的村庄

图 3.43 山地景观的丰富性

山体越高温度越低，背阴处比向阳处温度低；山谷和山间盆地比山顶和山坡的土层相对肥沃；海拔越高降水量越大；迎风坡的植被因为雨水量相对充足所以植物生长相对较好。山上的石材成为鲁中山区乡村主要建筑材料，民居、庙宇、道路、磨盘、桌凳、墙体都是就近使用石材建造，具有浓郁地方特色。山和水相互共存，变化丰富的山体形成了峰回路转、陡峭崎岖的道路，也形成河流的不同形态，如山泉、小溪、湖泊、瀑布等。

山地建筑的营造中首要解决的问题就是自然山体与居住区域存在的垂直高度差的问题。创造性地采用筑造台基的方法，即在山坡上建设台地，将房子建在基台上，可以很好的缓解山村土地不充足的问题，景观更加丰富（图 3.44）。为了更有效地利用内部空间，村民利用当地的地势特点建有很多储物空间。

图 3.44 建于台地的民居

调研区域内的乡村多是被山体环绕的围合式空间，符合中国人的数千年来的生活理念。不过，即使是内聚式乡村空间，村民们也会选择 1～2 处视线开敞的平台作为乡村休闲空间，这种平台常位于山脊处，视域开阔，可俯视乡村全貌。这是遛马岭位于乡村入口的一处公共空间，吸引着村民在此发生着活动（图 3.45）。

2. 水体

水是人类生命、生存、繁衍后代和农业生产的主要源头。在鲁中地区低山丘陵区内许多乡村都有临河或夹河的特点。

河流有很强的季节性，一年大多数时间呈现干枯和半干枯的状态，夏季会有短时间的山体洪灾威胁。乔峪村河流（图 3.46）处于乡村地势的最低地带，每当下雨，周边山体的雨水便流淌汇聚到这里，顺着河流向西南方向流出。村民为避免水患，修建的建筑距离主河道有一定距离，邻水居住表现出很

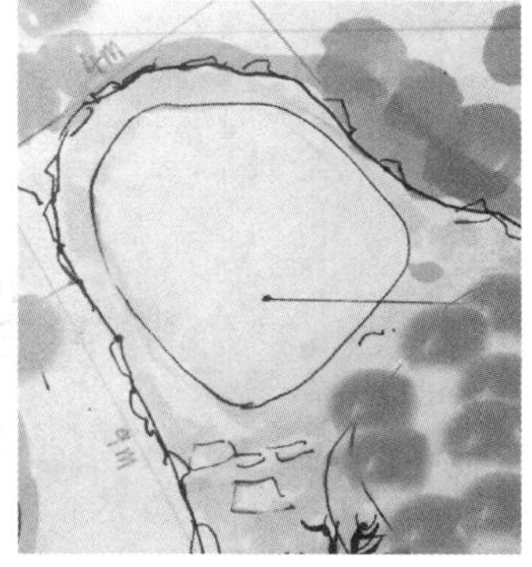

图 3.45 遛马岭村视线开阔的公共空间

好的环境适应性。季节性使得河流大部分时间干旱，但是村民对大自然存在着敬畏之心，并没有把河流填平改作他用，仍然保留着河流的最初形态：蜿蜒曲折，宽处达 30 多米，窄处也有数米，地势东北高，西南低，沿着东北向西南的方向有不同高度的台地，竖向变化丰富，河流的最低点与最高点相差近 5m。

干涸河流区域内生长着生命力旺盛的野草，村民有意无意地稀疏种植了枫杨、旱柳等树木，也是一番美景。

也有乡村由于地势低洼和历史原因形成的一些池塘，通常位于民居之间、巷道附近，面积一般不大，自然石块形成驳岸，以水为中心形成空间（图 3.47）。

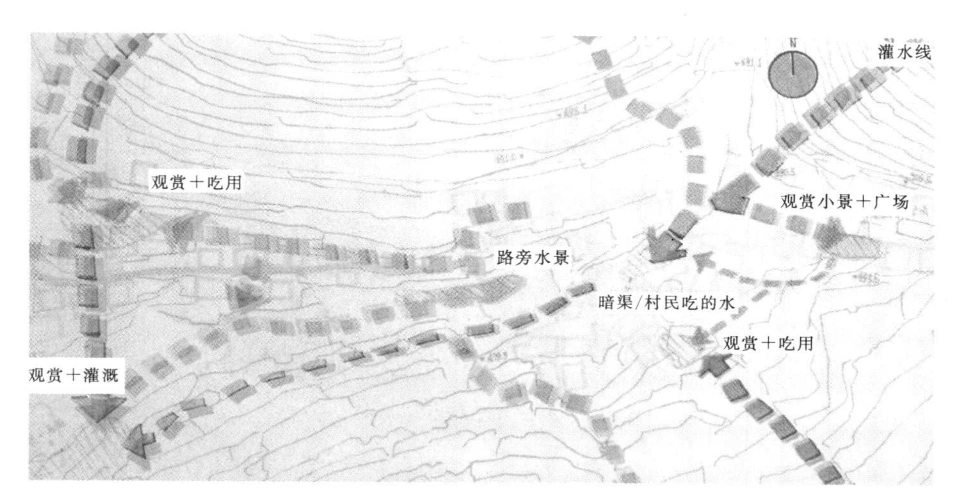

图 3.46 乔峪村雨水汇集分析图

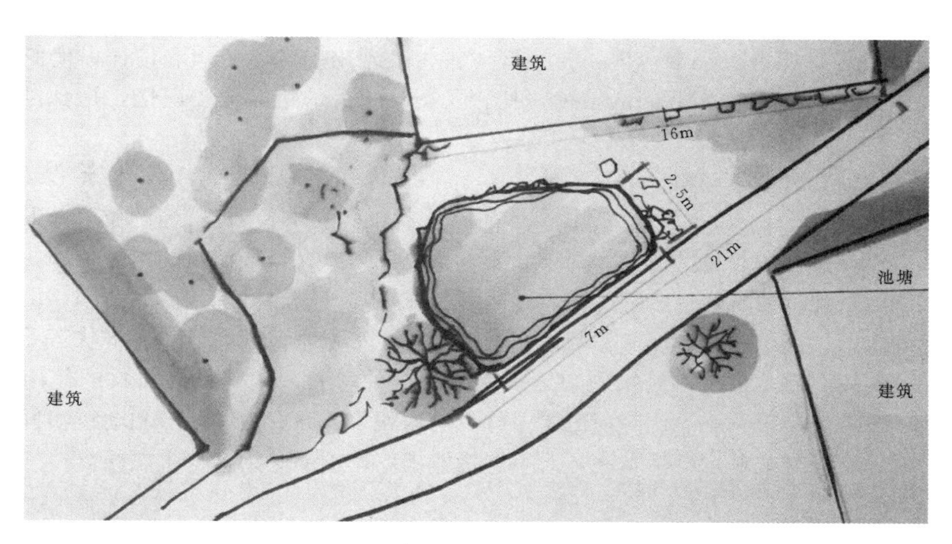

图 3.47 常见的乡村小池塘平面图

3. 植物

据调查统计，调研村域范围内植物种群以聚集状态分布，垂直结构简单，乔灌草各层物种组成较单一，多样性指数较低。山上主要是由侧柏、火炬树、臭椿、构树等树形成的混交林，灌木以荆条、胡枝子和酸枣为主。

乡村聚居范围内的植物种类相对较少，主要是枣树、梨树、柳树、槐树、桃树和杨树，种植于住宅前后、主街旁、节点空间或梯田空间，以孤植和丛植为主。

靠近聚居环境的周边山体以经济树种的种植为主，主要是花椒、山楂、核桃、杏树、香椿、苹果和板栗，尤以花椒和山楂数量最多。

山区乡村大量使用攀缘植物，主要应用于民居墙壁和挡土墙。攀缘植物与质朴的石墙或土墙成为山区特色景观。山区土壤贫瘠，适合生长的开花植物较少，山区乡村色彩淳朴，除了绿色的山体外，乡村的色彩以石材的灰色调为主，开花植物对山区来讲尤其珍贵（图3.48）。

图3.48　鲁中山区特色生长的植物

中国历史上素来有尊槐的说法，槐树寓意“吉祥”“官职”和“长寿”，村民通常将槐树种植在院前或门外。调研区域内生长百年以上的古树几乎村村都有，且多是槐树，冠大荫浓。现存古槐树有的位于主街旁边，有的位于深巷之中，古树空间是乡村里最为活跃的地方。调研发现每棵古树都有传说，村民们对古树表现出虔诚、依赖和信任，他们视古树为最重要的宝贝，这是他们共同的精神寄托，是历代村民的生活成长记忆，是乡村发展的历史见证。

4. 自然生境小结

鲁中山区处位于泰山、鲁山、沂山、蒙山、徂徕山等群山环绕的优越的位置，具有得天独厚的地形，风景秀丽、空气清新、四季分明、景色深远，充裕着清新的山野情趣，具有优越的自然生境。地形地貌是乡村的基底，影响着乡村格局、民居庭院和街巷空间。山区水系多顺应等高线的形态呈带状，民居多与水系平行布置，水系季节性明显，无水状态下的水系空间应充分利用。石、土、木是鲁中山区常用的地方性材料，尤其是对石材的使用最是普遍，铺地、墙体、屋顶、小品、院门的主要材料均为石材。原有山体地形和动植物群落应严格保留，划定生态红线尊重自然本底，对生态功能破坏严重的必须进行生态修复。

3.1.10　共性特质小结

1. 生态的自然性

山区乡村景观是在人与自然不断协调适应过程中形成的，不论是相地选址、规模布局、格局形态还是民居体量、院门处理、街巷形态、农业生产、建造材料，村民们都以顺应自然为前提，使用当地材料并运用低技术的建造方法从而与自然和谐相处，呈现出山区乡村生态的自然性。

2. 功能的实用性

乡村景观来源于村民生存的需求。山区乡村可用耕地较少，所以住宅选址以不占用耕地又避免水患为原则，选择在农田与山体的交界处，并且为了多耕种田地，在山坡上修建梯田。根据居住需要建造一合院、二合院、三合院等不同院落布局。门前屋后的植被多为果树与蔬菜，观赏与食用功能并存。院落组成包含着活动空间和猪圈、牛棚、鸡等饲养牲畜的设施。这些都是乡村景观功能实用性特征的体现。

3. 经济的单一性

山区乡村经济来源主要是单一的农业经济收入，顺应地形呈现出错落的石坎梯田景观是山区乡村主要的经济景观形式，在田面上往往种植同一种农作物或采取复合种植模式，主要种植物布局在田面与田边或地埂上，经济树种分布在田的周边，这种布局在保证经济效益的同时还增加了田地的自护能力。

4. 文化的生活性

乡村景观文化内容和生活密切相关，装饰主题多为家宅平安、健康长寿、人丁兴旺、财源茂盛等美好生活的题材，少有人物故事类。雕刻不注重装饰性，多粗犷朴素，村民的文化内容多是民间传统节日、民间庙会、耕-耙-耱-压-锄相结合的旱地耕作技术，抑或是用身边的花草树木制作原生态的食物和生活用品，例如榆树的榆钱、槐树的槐花、地瓜的叶子、田里的茅草、树木的枝条，这些都充分表明了文化的生活性特征。

5. 格局的集聚型

鲁中山区乡村依水或山谷而建，由山体和农田环绕的农家住宅所构成，集生产、生活和生态为一体，具有农田、水系、聚落、山体四大要素。在乡村的地理位置分布上呈现出明显的集聚型，往往4～5个乡村距离较近，形成一个大的乡村结构体，称为乡村群，乡村群之间的距离较远，地形地貌较为复杂。

6. 形式的差异性

差异性指统一之中事物的差异状态。山区乡村民居朝向不同、地势高低不同、街巷形态材料不同，很难找到完全一样的民居与院落、空间节点。因此，乡村的景观在很大程度上带来体验的丰富性，究其原因，这是由于生存需求之下景观营建的自发性与随机性带来的结果，是城市景观的标准化生产难以企及的魅力。

7. 体量的小巧性

自然和社会环境以及材料的限制性形成了鲁中山区乡村景观体量较小的特点。首先体现在民居建筑的体量上，以正房为例，正房三间居多，单间面宽3.0～4.0m，进深3.0m左右，占地面积9～12m^2，较其他地区的正房面积小；还体现在院落的空间体量上，院落面积普遍偏小，多在50～90m^2之间，较拥挤；体量的小巧还体现在文化集会空间面积以及街巷道路的宽度上，文化集会空间面积较小，多是25～50m^2的场地范围，主街宽度多是3m，巷道宽度多是1.5m。

8. 材料的粗犷性

鲁中山区乡村景观的主要材料是石材、红砖、瓦片、木材，具有质朴的自然属性，村民在使用材料建造环境时，没有对材料进行表面的打磨抛光、油漆粉刷等装饰处理，村民善于利用材料原有的结构、性能和肌理进行民居、庭院、空间、祠堂、粮仓、磨盘、街巷的建造，体现出鲁中山区乡村景观的粗犷。

9. 对比的丰富性

由于山地的地形变化，形成了多变的立面形态，体现在高度的多变和样式的多变，硬山式屋顶、墙体立面、不同高度的挡土墙、外照壁、绵延山体等元素的不同组合形成了乡村外部空间。灰空间的大门与大面积的实体墙面构成虚实对比，直线与山体的曲线和硬山式三角斜线构成线条对比，不同高度的要素构成竖向对比，植物软质与建筑硬质的对比，封闭空间与梯田空间的对比。

10. 空间的连续性

鲁中山区乡村空间分为主要线性空间、次要线性空间、生活点状空间、活力点状空间、自然山体空间和开敞田园空间。主要线性空间依托主街或水系形成；次要线性空间依托乡村巷道连接主街和民居；生活点状空间是村民生活的庭院空间，是封闭空间的典型代表；活力点状空间分散，呈半开敞式，多位于道路的交汇处，是村民集市休闲的功能型空间；山体空间和田园空间是乡村结构中的基质，也就是面状区域，融合与自然之中，具有视线开阔之感。各种空间借由行走和时间使独立空间整合为整体，层层引导，渐渐展开，步移景异，引人入胜，空间的连续性促使人们由一个空间导向另一个空间。

3.2　个性特质

鲁中山区乡村景观具有鲜明的共性特质，但乡村之间的景观差异不明显，不利于乡村个性景观的塑造，严重影响乡村识别性，制约乡村经济文化发展，所以急需构建适用于鲁中山区乡村景观个性特质确定的方法。

首先运用AHP法（陈颖等，2007）和德尔菲法（王南希等，2015）选择风景园林、城乡规划、建筑学、艺术设计学等领域的20位专家，通过邮寄问卷调查和现场问卷调查的方式对评价指标体系和权重确定进行了先后3次的专家校正和调整，构建科学的评价体系，对所有的调查指标（要素指标和功能指标）进行权重确定，科学定量每一个指标。并根据鲁中山区乡村景观的特点，对功能性指标制定合理科学的评分标准，从而系统构建鲁中山区乡村景观个性特质评价方法。用构建的个性特质评价方法对乡村进行功能指标的赋值并计算要素指标评价值和乡村景观评价的总指标值，绘制要素指标图，进行直观比较和分析。

3.2.1　评价体系的构建

1. 评价体系的特点

鲁中山区乡村景观个性特质评价需要建立符合乡村特性的评价体系，以指导乡村的可持续建设。山区乡村景观个性特质评价体系应该具有以下特点：

（1）功能性。通过乡村景观个性特质评价找寻乡村之间的景观差异，同时建立景观特质和功能之间的联系，所以指标的选择上注重景观功能性的表达，通过评价乡村景观指标能够确定乡村功能的差别。

（2）全面性。乡村景观包含了经济生产、居住生活、自然生境、精神文化和格局形态，指标应全面涵盖这5部分的内容，其中鲁中山区乡村景观的居住生活和自然生境最为突出，内容最为丰富，需要细分这两部分的指标。

（3）模糊性。山区乡村个性特质评价体系主要是从景观的视觉性和功能性角度进行评价，建立景观特质与功能的联系，采取专业人士的指标定性并结合专家的意见进行指标选取。

（4）易操作性。本研究中建构的山区乡村景观个性特质评价体系的目的是进行乡村规划设计的基础，辅助和引导乡村的建设，并不是第三方评价体系。因此，应该遵循简单、易懂、易操作的原则。避免使用不常见的、难于统计和不容易理解的指标。指标的选择便于横向和纵向的比较。

(5) 层次性。多层次结构形式是一种被广泛运用、结构清晰、简单易懂的指标评价模式。山区乡村评价体系应当建构以乡村景观特质评价为核心出发点，以乡村景观分类作为要素指标，并最终落实到乡村景观功能指标的评价体系。

2. 评价体系的构建

层次分析法是由美国运筹学家提出的一种层次权重决策分析的方法，它将与最终决策相关联的因素分成目标、准则和方案等层次，是对定性问题进行定量分析的一种简单且灵活的方式，被广泛应用于评价体系的建立以及权重系数的决定。

指标构建充分考虑功能性、全面性、模糊性、易操作性和层次性，以乡村景观分类为基础，并参考调查体系的组成，采用理论分析法、德尔菲法等方法进行评价指标的选取。

“山区乡村景观个性特质”评价采用的是多层次结构体系，包含总目标层、要素指标层和功能指标层。总目标层是乡村景观的个性特质评价层。要素指标层的确定以乡村景观分类为基础，乡村景观分为经济生产景观、居住生活景观、自然生境景观、精神文化景观和格局形态景观，基于刘黎明（2003）、谢花林等（2003）、金其铭（1999）、申明锐等（2015）等学者对乡村景观类型的研究结论，乡村居住生活和自然生境是乡村的核心要素，精神文化和格局形态是次要要素，经济生产介于核心要素和次要要素之间，因此，对 5 类乡村景观进行分解转化为要素指标层时，主要是针对乡村核心要素的居住生活和自然生境景观进行细化。功能指标层的选择以要素指标的主要功能为选择依据，并且便于人们可以直观做出判断的选项，以建立景观特质与功能的联系，不宜给出量化指标。

本书运用德尔菲法通过邮寄问卷调查和现场问卷调查的方式对评价指标体系进行了 20 位专家意见的校正和调整，确定要素指标和功能指标。德尔菲法能充分利用专家的经验和学识，较少受到其他繁杂因素的影响，做出独立的判断，形成可靠的结论。具体过程如下：

(1) 尽可能的将对乡村景观规划产生影响的指标因子挑选出来，并对所有因子指标进行分析，选择使用频率高、具有代表性的指标，初步建立乡村景观个性特质评价指标体系。

(2) 在初步建立的评价指标体系的基础上通过邮寄问卷调查和现场问卷调查的方式征求专家意见（附录 5），收集专家反馈的意见后进行整理、归纳、统计。

在综合专家意见的基础上，对指标体系进行调整，随后将调整后的指标体系制成表格，再次征求意见（附录 6），再集中，再反馈，直至得到要素指标和功能指标一致的意见。

(3) 建立由总目标层、要素指标层和功能指标层共同组成的乡村景观特质评价体系（图 3.49），定量打分和定性描述相结合。

图 3.49 中，目标层：乡村景观个性特质评价模型。

要素指标层：这是乡村景观的具体内容，包括村落格局、民居景观、农业景观、街巷景观、文化集会空间、植物景观、山体景观、水体景观、非物质文化 9 个指标。

功能指标层：以体现乡村功能和要素层的主要特点为原则选择指标，共有 16 个指标。

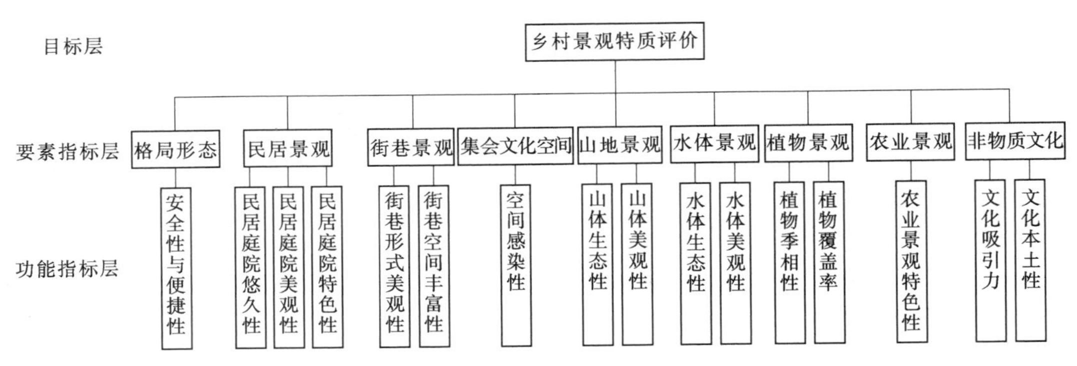

图 3.49 鲁中山区乡村景观评价体系框架图

3.2.2 指标权重的确定

指标权重就是要确立每个因子对最终评分的影响度，即确定各个指标的权重系数。采用层次分析法、德尔菲法和打分法相结合，构建判断矩阵比较两两指标的重要性，设计指标权重专家咨询表（附录 7），请专家对指标赋值，计算各项指标的权重系数，并进行一致性检验，对不满足一致性检验的指标反馈给专家再次进行调整，直至满足一致性检验得到各项指标的权重值（表 3.2）。

表 3.2　　鲁中山区乡村景观特质评价指标权重一览表

总 目 标 层	要素指标层及权重	功能指标层及权重
乡村景观个性特质评价 A	B_1 村落格局 0.0747	C_1 安全性与交通便捷性 1.0000
	B_2 农业景观 0.0823	C_2 特色性 1.0000
	B_3 民居景观 0.2036	C_3 悠久性 0.2958
		C_4 美观性 0.3934
		C_5 特色性 0.3108
	B_4 街巷景观 0.1081	C_6 形式美观性 0.4722
		C_7 空间丰富性 0.5278
	B_5 文化集会空间 0.0827	C_8 空间感染性 1.0000
	B_6 山体景观 0.1536	C_9 山体生态性 0.6273
		C_{10} 山体美观性 0.3727
	B_7 水体景观 0.1007	C_{11} 水系生态性 0.6526
		C_{12} 水系美观性 0.3474
	B_8 植物景观 0.1120	C_{13} 植物季相性 0.4017
		C_{14} 植物覆盖率 0.5983
	B_9 非物质文化 0.0823	C_{15} 文化吸引力 0.4282
		C_{16} 文化本土性 0.5718

确立递阶层次结构：建立层次结构模型，确定评价目标层 A、评价要素层 B 和评价功能层 C 3 个指标层级。

构建判别矩阵：构造评价要素层 B 在评价目标 A 中相对重要程度和评价功能层 C 对评价要素层 B 的相对重要程度用数量表达的判断矩阵（章俊华，2003），通过专家咨询、游客问卷及现场调研等方法对各层次指标进行指标因子相对重要性的两两相互比较，并构建判断矩阵（表 3.3）。

表 3.3　判断矩阵得分标准

得分	含　义
1	两因素具有同样的重要性
3	两因素比较，一个因素比另一因素稍微重要
5	两因素比较，一个因素比另一因素明显重要
7	两因素比较，一个因素比另一因素强烈重要
9	两因素比较，一个因素比另一因素极端重要
2、4、6、8	上述相邻判断的中间值

各评价因子权重系数的确定：计算单一层次下的元素相对权重，确定本层次与之有联系的元素重要性的权重值，计算公式如下：

$$w_i = \frac{w_i(\Pi_{j=1}^{n} a_{ij})^{1/n}}{\sum_{k=1}^{n}(\Pi_{j=1}^{n} a_{ij})^{1/n}}$$

一致性检验：通过计算一致性指标 CI，对判断矩阵进行一致性检验。其中，CI 为一致性指标，n 为矩阵阶数。

$$CI = (\lambda_{\max} - n)/(n-1)$$

CI 越大，说明判断矩阵的一致性越差；CI 越小，说明判断矩阵的一致性越大；当 $CI=0$ 时，说明判断矩阵具有完全一致性。

3.2.3　评分标准的赋值

乡村景观功能评价指标赋值采用非常满意、满意、一般、不满意、非常不满意的 5 级标准，分别对其进行 5、4、3、2、1 的打分。采用德尔菲法制定功能指标评分标准，设计咨询表（附录 8）通过邮寄问卷和现场问卷的方式征求相关领域专家意见进行整理、归纳、统计，并再次调整，再次征求意见、归纳、调整，直至得到一致的意见，最终形成鲁中山区乡村景观功能评价指标的评分标准（表 3.4）。

安全性是乡村形成和发展的最基本要求。乡村选址通常离主干道距离较远，同时周围有水系、山坡或浓密的绿化与外界阻隔，免受外界侵入。但是过高的安全性也会给村民出行带来不便，尤其是现代社会快速的信息交流和乡村发展需要建立联系乡村与城市的便捷主干道。所以只有满足安全性和便捷性均衡的乡村才是最高的等级，根据乡村与城市主干道的距离和空间围合确定不同的评价等级。

表 3.4　　鲁中山区乡村功能评价指标的评分标准

<table>
<tr><th>功能指标</th><th>赋值</th><th colspan="2">含　义</th></tr>
<tr><td rowspan="5">安全和便捷评价指标</td><td>5</td><td colspan="2">乡村与城市干道有一定距离，沿途景观绿化好</td></tr>
<tr><td>4</td><td colspan="2">乡村与城市主干道有一定距离，沿途景观绿化较好</td></tr>
<tr><td>3</td><td colspan="2">乡村与城市主干道有一定距离，沿途景观绿化一般</td></tr>
<tr><td>2</td><td colspan="2">乡村与城市主干道的距离较远，不便捷</td></tr>
<tr><td>1</td><td colspan="2">乡村与城市主干道距离很远，或者与城市主干道紧密相连</td></tr>
<tr><td rowspan="5">农业景观特色性</td><td>5</td><td colspan="2">生长基址特色性强，品种特色强</td></tr>
<tr><td>4</td><td colspan="2">生长基址特色性强，品种特色性较强</td></tr>
<tr><td>3</td><td colspan="2">生长基址特色性较强，品种特色性较强</td></tr>
<tr><td>2</td><td colspan="2">生长基址特色性一般（较强），品种特色性较强（一般）</td></tr>
<tr><td>1</td><td colspan="2">生长基址一般，品种一般</td></tr>
<tr><td rowspan="5">集会文化空间感染性</td><td>5</td><td colspan="2">较多的历史要素，印象深刻，对之前的乡村活动产生丰富联想</td></tr>
<tr><td>4</td><td colspan="2">较多的历史要素，印象较深刻，对之前的乡村活动产生较多联想</td></tr>
<tr><td>3</td><td colspan="2">历史要素不多，印象较深刻，对之前的乡村活动产生较多联想</td></tr>
<tr><td>2</td><td colspan="2">历史要素很少，印象不深刻，对之前的乡村活动产生的联想不多</td></tr>
<tr><td>1</td><td colspan="2">无历史要素，无印象，对之前的乡村活动产生不了联想</td></tr>
<tr><td rowspan="5">民居建筑美观性</td><td>5</td><td>很高</td><td rowspan="5">对民居建筑整体的感官印象留下的美的程度，包括样式、色彩、布局、装饰等方面</td></tr>
<tr><td>4</td><td>高</td></tr>
<tr><td>3</td><td>较高</td></tr>
<tr><td>2</td><td>中</td></tr>
<tr><td>1</td><td>低</td></tr>
<tr><td rowspan="5">民居建筑特色性</td><td>5</td><td>很高</td><td rowspan="5">建筑的布局、墙体、屋顶、门窗、装饰的地方特色</td></tr>
<tr><td>4</td><td>高</td></tr>
<tr><td>3</td><td>较高</td></tr>
<tr><td>2</td><td>中</td></tr>
<tr><td>1</td><td>低</td></tr>
<tr><td rowspan="5">民居建筑悠久性</td><td>5</td><td>>100 年</td><td rowspan="5">鲁中山区乡村民居年代距今的年限</td></tr>
<tr><td>4</td><td>70～100 年</td></tr>
<tr><td>3</td><td>50～70 年</td></tr>
<tr><td>2</td><td>20～50 年</td></tr>
<tr><td>1</td><td><20 年</td></tr>
<tr><td rowspan="5">街巷形式的美观性</td><td>5</td><td>很高</td><td rowspan="5">街巷底界面和垂直界面的材料、色彩、质感营造了美观的街巷形式</td></tr>
<tr><td>4</td><td>高</td></tr>
<tr><td>3</td><td>较高</td></tr>
<tr><td>2</td><td>中</td></tr>
<tr><td>1</td><td>低</td></tr>
</table>

续表

功能指标	赋值	含义	
街巷空间的丰富性	5	很高	街巷道路宽度和高度不同的比例形成了开敞空间、半开敞空间和封闭空间的多种空间类型，墙体、山体、田野不同界面的多种空间类型
	4	高	
	3	较高	
	2	中	
	1	低	
山体景观生态性	5	山体很完整、植物全覆盖性	
	4	山体很完整、植物覆盖性较高	
	3	山体完整性较高、植物覆盖性较高	
	2	山体完整性一般、植物覆盖性一般	
	1	山体完整性较差、植物覆盖性较差	
山体景观观赏性	5	地形地貌丰富，山体植物丰富	
	4	地形地貌丰富，山体植物较丰富	
	3	地形地貌较丰富，山体植物较丰富	
	2	地形地貌较丰富，山体植物单一	
	1	地形地貌单一，山体植物单一	
水体景观生态性	5	水体无污染，水体清澈、水边植物生长茂盛	
	4	水体无污染，水体清澈、水边植物生长较茂盛	
	3	水体少量污染，水体较清澈、水边植物生长较茂盛	
	2	水体部分污染，水体较清澈、水边植物生长较茂盛	
	1	水体污染，水体不清澈、水边植物生长不好	
水体景观观赏性	5	水体驳岸线丰富，水边植物等景观丰富	
	4	水体驳岸线丰富，水边植物等景观较丰富	
	3	水体驳岸线较丰富，水边植物等景观较丰富性	
	2	水体驳岸线和水边植物等景观的丰富性一般	
	1	水体驳岸线不丰富，水边植物等景观不丰富	
植物季相性	5	植物造景美观，季相丰富	
	4	植物造景美观，季相较丰富	
	3	植物较造景美观，季相较丰富	
	2	植物造景美观性一般，季相性一般	
	1	植物较造景不美观，季相不丰富	
植物覆盖率	5	>80%	乡村植物垂直投影面积占乡村总面积的百分比
	4	70%～80%	
	3	60%～70%	
	2	50%～60%	
	1	<50%	

续表

功能指标	赋值		含　义
文化吸引力	5	很高	文化吸引力是当地具有鲜明的文化特色、生活气息浓厚、村民朴实热情，具有强烈的外来人的吸引力
	4	高	
	3	较高	
	2	中	
	1	低	
文化本土性	5	很高	文化本土性是指文化具有鲜明的地方特色
	4	高	
	3	较高	
	2	中	
	1	低	

农业景观的特色性包含两个层面：①生长条件的特色性，如不同高差的梯田、水边、山窝；②作物种类的特色性，如品种的稀有、品种的可参与性等。当农业作物生长基址特色性强且品种特色强时才是最高的评价等级。

空间文化感染性是空间环境要素使人产生的场地认同感，较多历史要素的乡村促发人们对之前的乡村活动产生丰富联想，使人印象深刻，具有很高的感染性。

民居建筑包含悠久性、美观性和特色性3个方面，其悠久性是根据鲁中山区乡村民居年代距今的不同年长确定分值：大于100年、70～100年、50～70年、20～50年、20年以内分别对应的是5分、4分、3分、2分、1分的评价等级，悠久性的计算程序是，先调研这几类年限民居的数量，然后计算每一类民居占乡村总民居数量的比值，并将比值乘以年限对应的指标分值，最后将这些数值相加得到的结果就是乡村悠久性的最后得分。美观性是指对民居整体的感官印象和美观程度，包括样式、色彩、布局、装饰等方面。特色性是指建筑的布局、墙体、屋顶、门窗、装饰的地方特色。

街巷景观评价由形式的美观性和空间的丰富性组成。街巷底界面和垂直界面的材料、色彩、质感营造了美观的街巷形式。街巷宽度与高度之间不同的比例形成了开敞空间、半开敞空间和封闭空间等多种空间类型，墙体、山体、田野的不同界面也极大丰富了街巷空间。

植物覆盖率是指乡村植物垂直投影面积占乡村总面积的百分比。《全国环境优美乡村考核验收规定（试行）》要求山区的植物覆盖率70%以上、丘陵40%以上、平原10%以上，结合鲁中山区乡村植物覆盖率的实际情况，对调研范围内的乡村植物覆盖率等级划分如下。植物覆盖率大于80%为5分的评价等级，植物覆盖率70%～80%为4分的评价等级，植物覆盖率60%～70%为3分的评价等级，植物覆盖率50%～60%为2分的评价等级，植物覆盖率小于50%为1分的评价等级。

3.2.4　特质评价的计算

参考杨知洁（2009）“上海乡村聚落景观的调查分析与评价研究”中的评价公式，综合考虑谢花林等（2003）、刘黎明（2003）、肖禾（2003）等研究者关于乡村景观评价的理论，结合构建鲁中山区乡村景观特质评价体系，从而形成鲁中山区乡村景观个性特质评价公式：

$$P=\sum_{j=1}^{m}\left(\sum_{i=1}^{n}C_iM_i\right)R_j$$

式中：P 为评价总得分；C_i 为功能指标的得分；M_i 为功能指标的权重；R_j 为要素指标的权重；i 为功能指标的个数；j 为要素指标的个数。

在本指标体系中，i 取 16 个，j 取 9 个，本评价总分为 5 分。结合专家意见和鲁中山区乡村实际情况，建议合计得分在 3 分以上（包含 3 分）为令人满意的乡村景观，2.5～3 分为比较满意的乡村景观。

3.2.5 研究对象的选择

鲁中山区乡村的规模小、人口少、相对分散，但山区乡村分布呈现一定的积聚性，因此可以将若干个地貌单元相似且位置距离较近、历史文化传统相似的乡村合并成一个大的乡村群进行统一的规划。以乡村群为研究对象，研究乡村群中每个乡村的个性景观特质。

选择济南市西营镇的距离较近，具有相似的生态文化背景和居住生活习惯的老峪村、花家峪村、花园领村、花金筲村和后岭子村作为乡村群，简称为老峪乡村群，运用构建的鲁中山区乡村景观个性特质评价模型确定乡村之间的景观强弱差异，形成每个乡村的个性景观特质。

老峪村、花家峪村、花园领村、花金筲村和后岭子村共有登记户数 317 户，登记总人口 874 人，乡村居住人口比例仅占登记总村民的比例在 30%～40%。在居住人口中，80 岁以上的老人比例为 27%，60～80 岁的老人占到居住人口的 30%，40～60 岁的老人比例为 20%，20～40 岁占有仅有 3%，20 岁以下的占到 20%，尤以 10 岁以下的居多。全村耕地面积 610 亩，符合规划情况的建设用地约 362.7 亩。现状居民以种植小麦、玉米、地瓜、林果为主，无主导产业。

老峪村、花园岭村和花金筲村是在明洪武年间（1368—1398 年）时湛氏由直隶（河北省）迁此建村，花甲峪村和后岭子村出现在清代末期，由当地村民在此建村，如后岭子村建村村民就是部分老峪村的住户。村名的由来和所处位置特征关系密切，老峪村地处深山老峪而得名；因建村于寺庙的花园附近，故称为花园岭；因村庄山石崖下有一山泉清澈见底，在阳光的照射下闪现出五颜六色的光环，故称为花金筲；花甲峪村得名是因乡村处在花园岭村下面一条山峪中；后岭子村是因建村在老峪南山岭之后而得名。

3.2.6 特质评价的结果

由 40 位专业人士依据鲁中山区乡村景观功能指标层评分标准对乡村进行现场打分并取平均值，结合专家意见，确定鲁中山区乡村景观功能指标分值一览表（表 3.5）。

套用鲁中山区乡村景观个性特质评价公式得到老峪村、花甲峪、花园岭村、后岭子村和花金筲五处鲁中山区乡村景观的 9 个要素指标分值和个性特质评价的综合得分（表 3.6）。

表 3.5 老峪乡村群景观功能指标分值一览表

乡村	C_1	C_2	C_3	C_4	C_5	C_6	C_7	C_8	C_9	C_{10}	C_{11}	C_{12}	C_{13}	C_{14}	C_{15}	C_{16}
老峪村	4	3	4	3	4	4	4	3	3	2	1	1	2	2	2	2
花甲峪村	3	4	3	3	3	3	3	2	3	2	2	1	2	3	2	2
花园岭村	2	3	4	3	4	4	4	2	3	4	2	2	2	3	2	2
后岭子村	3	4	2	1	1	2	3	1	2	2	1	1	2	3	1	1
花金箐村	1	2	1	2	2	2	4	1	4	4	2	2	3	2	2	2

表 3.6 老峪乡村群景观要素指标分值和综合得分一览表

要素指标	老峪村	花甲峪	花园岭村	后岭子村	花金箐村
格局与便捷性 B_1	0.2988	0.2241	0.1494	0.2241	0.0747
农业景观 B_2	0.2469	0.3293	0.2469	0.3293	0.1646
民居景观 B_3	0.7343	0.6108	0.7343	0.2638	0.4072
街巷景观 B_4	0.4324	0.3243	0.4324	0.2733	0.3303
文化集会空间 B_5	0.2481	0.1654	0.1654	0.0827	0.0827
山体景观 B_6	0.4036	0.4036	0.5180	0.3072	0.6144
水体景观 B_7	0.1007	0.1664	0.2014	0.1007	0.2014
植物景观 B_8	0.2240	0.2911	0.2911	0.2911	0.2690
非物质文化遗产 B_9	0.1646	0.1646	0.1646	0.0823	0.1646
综合得分	2.8534	2.6796	2.9035	1.9545	2.3089

以老峪村民居景观为例说明要素指标的计算方法。

民居景观的分数=(悠久性分数×悠久性权重+美观性分数×美观性权重+特色性分数分数×特色性权重)×民居景观的权重。

所以，民居景观的分数=(4×0.2958+3×0.3934+4×0.3108)×0.2136 =0.7343。

乡村景观个性特质评价综合得分是乡村9个要素指标分值的加和，即乡村景观个性特质评价综合得分=格局与便捷性分值+农业景观分值+民居建筑分值+街巷景观分值+文化集会空间分值+山体景观分值+水体景观分值+植物景观分值+精神文化分值。

所以，老峪村景观个性特质评价综合得分是：

0.2989+0.2469+0.7342+0.4324+0.2481+0.4036+0.1007+0.2240+0.1646=2.8534

综合对比鲁中山区乡村景观特质评价的分值（表3.7）发现花园岭村、老峪村、花甲峪综合总评分在2.5分以上，表示这3个村落的总体景观为“较为满意”。花金箐的分值是2.3089，在2～2.5之间，属于中等水平。后领子的景观总分值是1.9545，属于较不满意的程度。

表 3.7 峪乡村群景观特质评价等级表

类　别	评价等级	乡村名称
满意	景观评价综合得分≥3	无
较为满意	景观评价综合得分 2.5～3	花园岭村、老峪村、花甲峪村
中等水平	景观评价综合得分 2～2.5	花金箐村
较不满意	景观评价综合得分≤2	后岭子村

将乡村景观9个要素指标的评价分值做成综合图（图3.50），进行同一乡村的9个要素的横向比较和不同乡村同一要素指标的纵向比较。

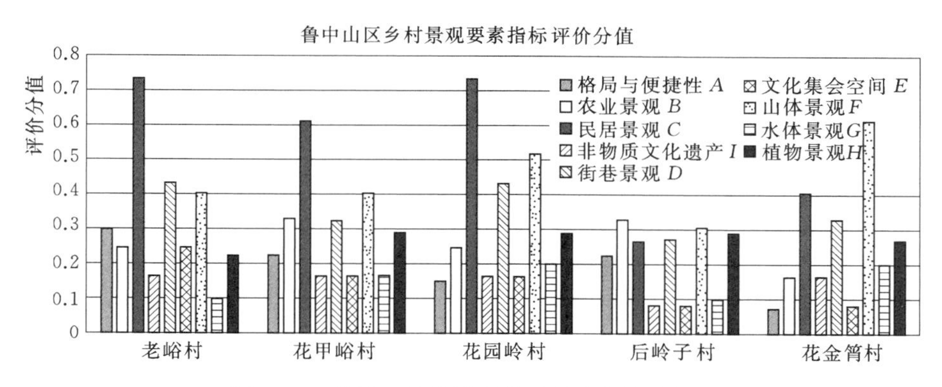

图3.50 老峪乡村群景观指标评价分值综合图

1. 要素指标评价

将乡村9个要素指标得分分别绘制成单独的图，横轴为不同乡村，纵轴分别为格局与便捷性、农业景观、民居建筑、街巷景观、文化集会空间、山体景观、水体景观、植物景观和精神文化9个要素指标的分值，进行直观的比较和分析。

（1）安全性与便捷性。老峪村和花甲峪村与省道鸭西线的交通最为便捷，距离基本相同，大约为2.8km，且从鸭西线到乡村的车行上山道沿路景观良好。但是花甲峪村的地形地貌起伏变化大，街巷多数垂直于等高线布置，主路水平变化和竖向变化都较大。而老峪村的村落格局平行于等高线，属于向内凹的带状布局方式，村落地势较为平坦，主路相对宽广，平行于等高线，从村落中心穿过且通达主要空间。综合便捷性和村落格局的安全性，老峪村比花甲峪村稍好，而花金箐村最为偏僻，距离鸭西线最远，花园岭村和后领子村虽然距离相当，但是花园岭村的车行道多弯路，沿途景观较后领子稍差。通过安全性与便捷性的要素指标评价（图3.51）发现，老峪村（0.2988）＞花甲峪村（0.2241）＝后岭子村（0.2241）＞花园岭村（0.1494）＞花金箐村（0.0747），老峪村的安全与便捷性是5个乡村中最优的，而花金箐村最不理想。

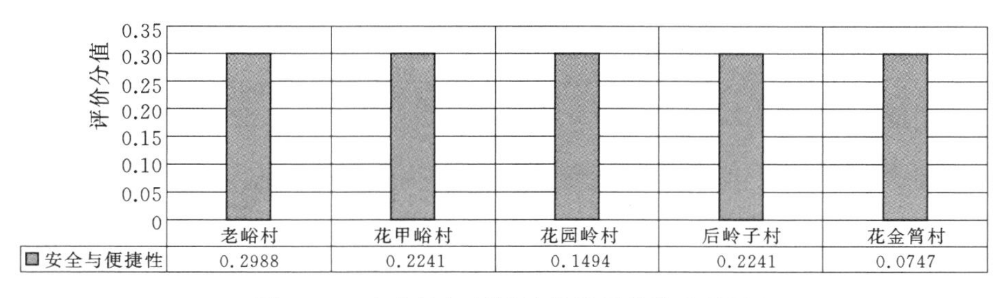

图3.51 安全性与便捷性的指标分值比较图

（2）农业景观。5个乡村种植的农作物基本相同，作物特色性不明显，但是作物生长环境的差别明显。后领子村和花甲峪村有大片集中的梯田，其余3个乡村的农业用地分散且面积小，不便于进行规模化的农业经营。后领子村和花甲峪村的特色梯田为将来的现代化农业、有机农业和与农业相关的产业开发提供可能（图3.52）。通过农业景观的要素指标评价发现花甲峪村＝后岭子村（0.3293）＞花园岭村＝老峪村（0.2469）＞花金筲村（0.1646），所以花甲峪村和后岭子村的农业景观特色最为突出。

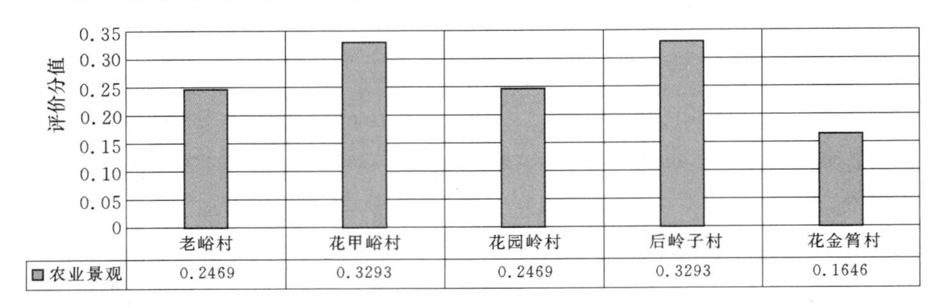

图3.52　农业景观的指标分值比较图

（3）民居景观。民居包含悠久性、美观性和特色性3个功能指标层，鲁中山区乡村民居建筑古朴自然，具有鲜明石头村的特点，红色硬山房顶，青色石块墙体，与周围的绿化、农田、山地和谐。只是部分村落中的部分家庭大兴土木，建成各式各样贴了彩色瓷砖的西式小别墅，造成整体景观有些杂乱。通过公式计算出的民居建筑分值结果所示，老峪村＝花园岭村（0.7343）＞花甲峪村（0.6108）＞花金筲村（0.4072）＞后岭子村（0.2638），可见，老峪村和花园岭村民居评价分值最高，其次是花甲峪村、花金筲村，最后是后岭子村（图3.53）。

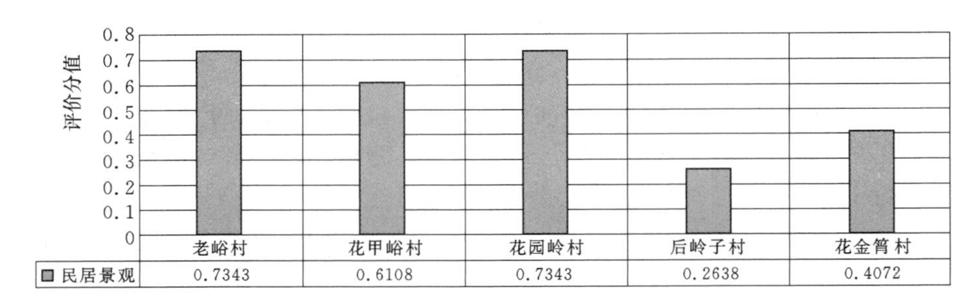

图3.53　民居景观的指标分值比较图

（4）街巷景观。街巷景观包含街巷形式美观性和空间丰富性两项指标，调研区域的5处乡村都是位于山区，山区的地形地貌决定了街巷空间变化的丰富性。有视野闭塞的街巷，也有一览众山小的街巷，有石头墙体夹峙而成的街巷，也有农田树木围合成的街巷，有上坡的街巷，也有平地和下坡的街巷。就调研结果的数据分析来看，老峪村（0.4323）＝花园岭村（0.4323）＞花金筲村（0.3303）＞花甲峪村（0.3243）＞后岭子村（0.2733），5处村落的街巷景观都不错，老峪村和花园岭村的街巷景观最优，街巷具有多变的尺度和丰富的界面（图3.54）。

（5）文化集会空间。文化集会空间分值普遍偏低，得分最高的是老峪村，为0.2481分，最低的是后岭子村和花金筲村，得分仅为0.0827分。原因是乡村普遍缺乏公共空间，或者是公共空间缺乏场所感。调研时发现人们的娱乐休闲范围大多分布在自家和附近邻居

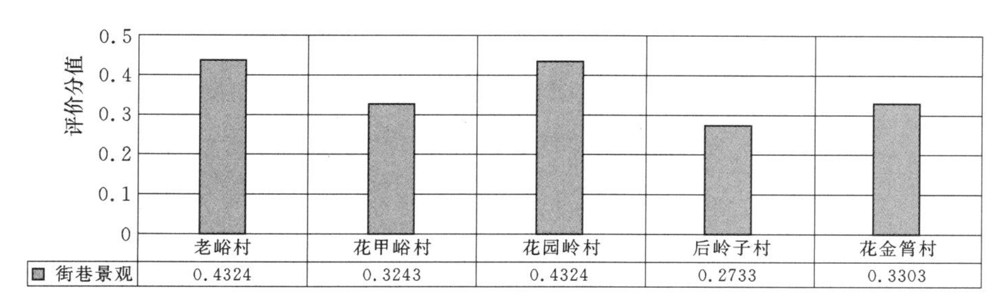

图 3.54 街巷景观的指标分值比较图

的门前空间；可能是乡村内没有统一集体的宗族或祭祖或节日活动，因而没有举行宗教仪式或祭祖的场所；村民稀少也是造成文化集会空间感染性分值较低的原因；部分乡村虽然有文化集会空间，但是空间的物质要素单一，围合性较弱，场所感不强，造成文化集会空间评价分值较低（图 3.55）。

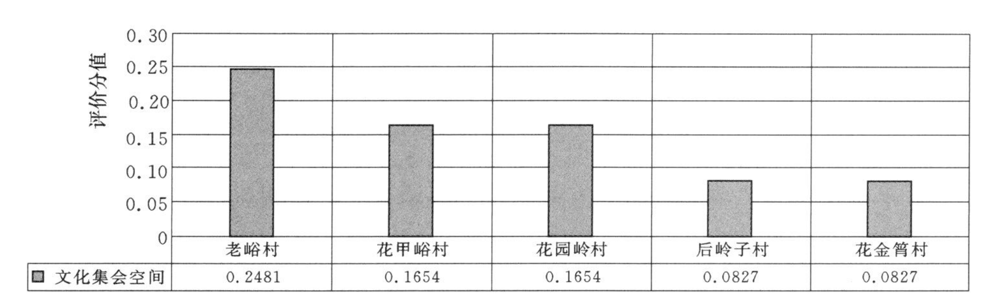

图 3.55 文化集会空间的指标分值比较图

（6）山体景观。乡村依托的山体景观是乡村的生态基底，包含山体生态性和景观丰富性两个方面。调研区域内山体的完整性较高，植物的覆盖性较好，山体地形地貌的变化也较为丰富，但是山体植物的季相性较差，春天的开花植物、秋天的变色植物以及冬天的常绿植物普遍较少。5 个乡村中山体景观最突出的是花金筲村，不仅山体的完整性和覆盖率较好，而且山体植物具有鲜明的特色。自古山上就长有大片开花植物，由于花的颜色是黄色，所以植物取名花金，在半山腰有一口古老深井，村民每日都要用“筲”（济南方言中打水的用具）前去打水，花金筲的村名也由此而来（图 3.56）。山体景观指标评价显示花金筲村山体景观最优，花园岭村次之，然后是评价分值等同的老峪村和花甲峪村，相对最差的是后岭子村，仅为 0.3072，是花金筲村评价值的 1/2。

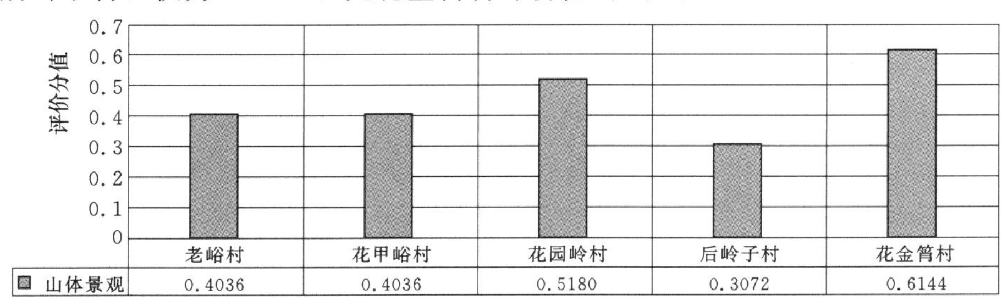

图 3.56 山体景观的指标分值比较图

(7) 水体景观。调研区域内，水体景观评价分值普遍偏低，最高的是得分为0.2014的花金筲村和花园岭村，在民居集中的地方约有面积60m²左右的池塘，池水清澈。花甲峪村评价分值为0.1664，花园岭村和老峪村的评价分值仅为0.1007。自然水系的季节性变化明显，仅在夏天雨水量特别充足的时候才存有少量雨水，其他时间几乎没有，有的乡村仅有一两处面积并不大的池塘。山与水是相互辉映的自然界的两个主体，我们往往用山水形容自然，历代文人也都毫不吝啬的赞美着山水，山硬朗而水柔美、山挺拔而水延伸、山静止而水好动、山有水则灵、水有山则趣、山无水则缺媚、水无山则少刚，所以对于水资源并不充足的乡村而言，水景观的处理至关重要（图3.57）。

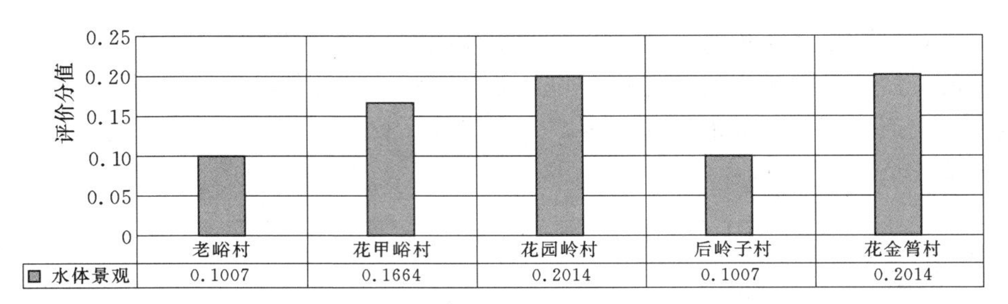

图3.57 水体景观的指标分值比较图

(8) 植物景观。植物景观指标含义是乡村内的植物季相性和植物覆盖率。乡村内部植物种类比较单一，主要以枣树、梨树、桃树、柳树、槐树、杨树为主，缺乏植物的竖向结构层次和植物色彩层次。由于山区土壤贫瘠和建筑密度较大等原因，植物数量并不多，造成乡村聚居区覆盖率不高。此外，有些农村土地主要用来种植农产品，造成乡村内绿化用地较少。同时由于缺乏管理和维护，乡村内绿化杂草丛生，比较杂乱（图3.58）。5个乡村的植物景观评价差别不大，花甲峪村、花园岭村、后岭子村的评价分值等同，为0.2911分，其次是花金筲村，为0.2690分，老峪村植物景观相对较弱，为0.2240分。

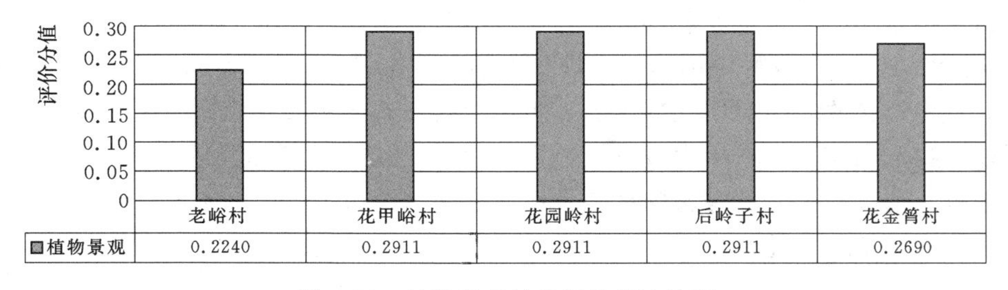

图3.58 植物景观的指标分值比较图

(9) 非物质文化。非物质文化指标含义包含非物质文化吸引力和本土特色性。调研区域内的乡村规模普遍较小，长期闭塞，且农业是最主要的甚至唯一的经济来源，造成乡村的经济落后，精神文化特色不鲜明，当然村民的流失和乡村的衰败也给调研过程中文化特色的挖掘带来困难，虽几经走访不同的老人，但对非物质文化遗产的内容获取仍然较少（图3.59）。调研评价发现花园岭村的村民意识、乡村文化、古树情怀、节日庆祝等方面相对最为突出（0.1746分）。老峪村、花甲峪村和花金筲村的调研文化内容相差无几，评价分值相同（0.1646），而后岭子村的精神文化内涵相对单薄，得分最低，仅为0.0823分。

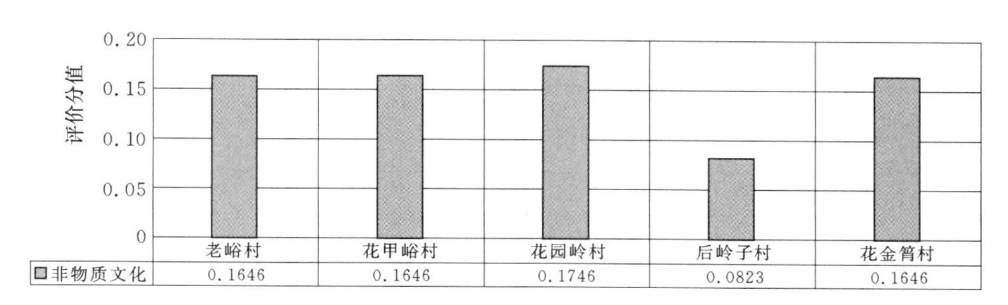

图3.59 非物质文化的指标分值比较图

民居景观、街巷景观和文化集会空间属居住生活功能范畴，所以将3个指标分值相加得到的是居住生活评价值（图3.60）。山体景观、水体景观和植物景观属于自然生境功能的范畴，将3个指标分值相加得到的是自然生境评价值（图3.61）。老峪村的居住生活氛围是5个乡村中最为鲜明的，分值为1.4148，其次是花园岭村（1.3321）、花甲峪村（1.1005）、花金箐村（0.8202）、后岭子村（0.6198）。自然生境的结果表明，花金箐村（1.0848）＞花园岭村（1.0105）＞花甲峪村（0.8611）＞老峪村（0.7283）＞后岭子村（0.6990），花金箐村的自然生境是5个乡村中最优的。

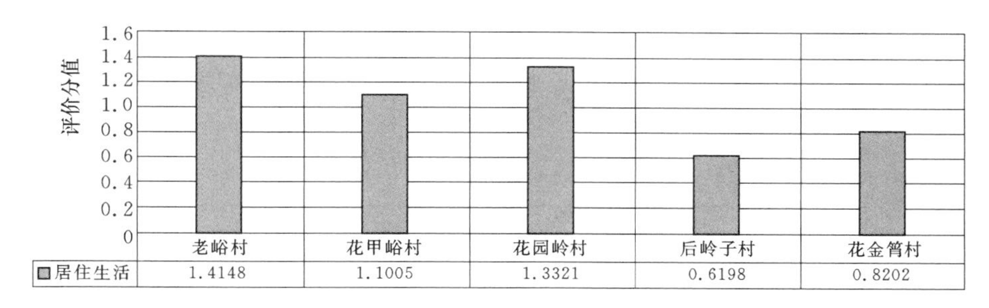

图3.60 居住生活综合分值比较图

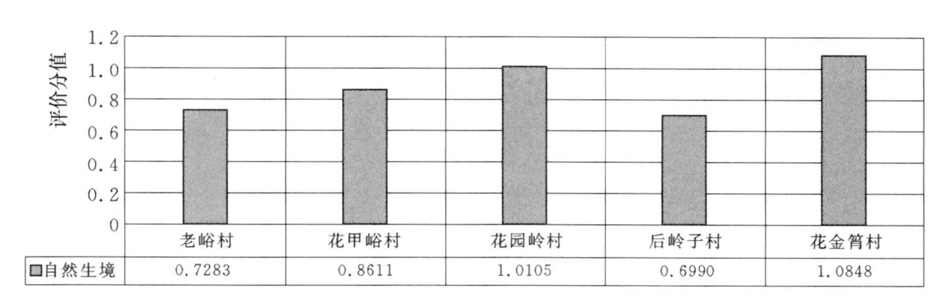

图3.61 自然生境综合分值比较图

2. 乡村特质评价

针对乡村景观的5个方面进行最优（第一名）、次优（第二名）、较好（第三名）、最差（最后一名）的排名比较见表3.8。

表 3.8　　　　老峪乡村群景观特质比较表

要素指标	老峪村	花甲峪村	花园岭村	后岭子村	花金箐村
安全与便捷性	√	※	*	◎	
农业景观	*	※	*	√	◎
居住生活	√	*	※	◎	
自然生境		*	※	◎	√
非物质文化遗产	※	※	√	◎	※

注　√ 最优，※次优，* 较好，◎最差。

可见，区别特征最突出的是老峪村的安全与便捷性、后岭子村的农业景观、花金箐村的自然生境，花甲峪村和花园岭村没有特别突出的特征，各个要素指标评价结果较好，其中花园岭村更侧重于居住生活和自然生境，花甲峪村更侧重于农业景观、安全便捷性以及非物质文化。

（1）老峪村。老峪村个性特质评价分值为 2.8534 分，仅次于花园岭村，除了水体景观评价较低外，其他各项景观评价良好。其中安全与便捷性在 5 个乡村评价中得分最高，老峪村与省道的距离，既满足了乡村安全性又能与外界保持便捷的交通。乡村内主要道路和主要空间的地势平坦，同时，老峪村与其他 4 个乡村的距离都在 1500m 左右，交通比较方便。相比较其他 4 个乡村，老峪村的居住生活和文化集会空间丰富且特色鲜明。所以，老峪村的交通便捷性和文化集会空间及居住生活景观的评价最为突出，这是作为中心村最重要的特征，老峪村适合于功能综合的乡村规划，满足教育读书、卫生医疗、儿童游乐、山体游览等多种功能（图 3.62）。

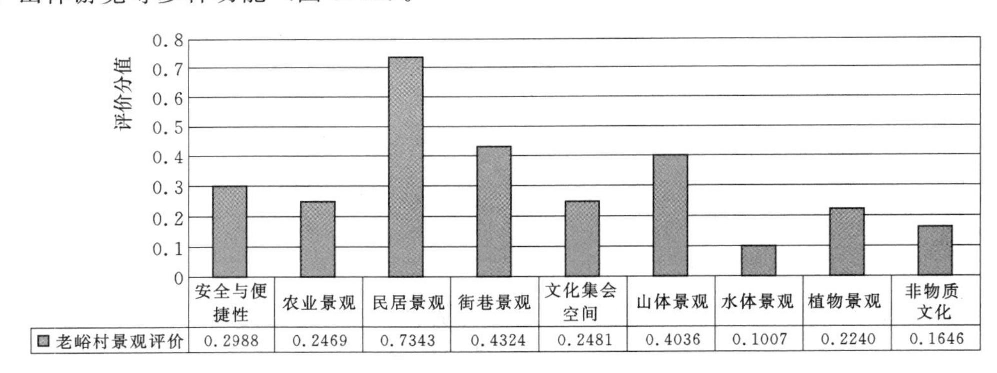

图 3.62　老峪村景观评价分值比较图

（2）后岭子村。后岭子村景观个性特质评价是 5 个乡村中最低的，仅为 1.9545 分，安全与便捷性、民居景观、街巷景观、文化集会空间、非物质文化等指标的评价分值最低或接近最低，而农业景观在后岭子村 9 个要素指标评价值中最高。再纵观 5 个乡村的农业景观，发现后岭子村的农业景观评价最高，所以，农业景观是后岭子村最突出的优势。虽然种植的作物种类与其他乡村相差无几，但是乡村拥有面积较大且集中的梯田景观，这在山区乡村非常难得，而其他乡村农业用地分散不集中，所以对于后岭子村的景观营建定位是以发展现代有机农业为契机，优化乡村自然生境和居住生活景观，提高乡村的景观气质（图 3.63）。

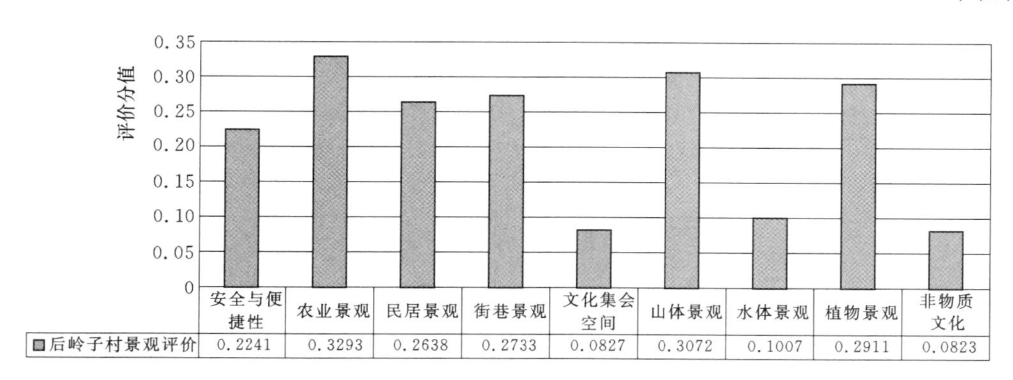

图 3.63 后岭子村景观评价分值比较图

(3) 花金箐村。花金箐村景观个性特质评价不高，仅为 2.3089，属于乡村景观评价的中等水平，低于老峪村、花园岭村、花甲峪村。但是横向比较花金箐村 9 个评价指标发现山体景观明显高于其他指标，再和其他 4 个乡村进行横向比较发现由山体景观、水体景观和植物景观构成的花金箐村自然生境的评价值最高，具有最优的自然生境：山体环绕、视野开阔，植被丰富、冬日暖阳、夏日凉风、蓝天白云，是养生养老的适宜之地，在景观营建中，迁出合并部分家庭，对民居进行改造提升，将这一区域的石居服务于养生养老的功能，吸引期望生态养老的群体趋之若鹜（图 3.64）。

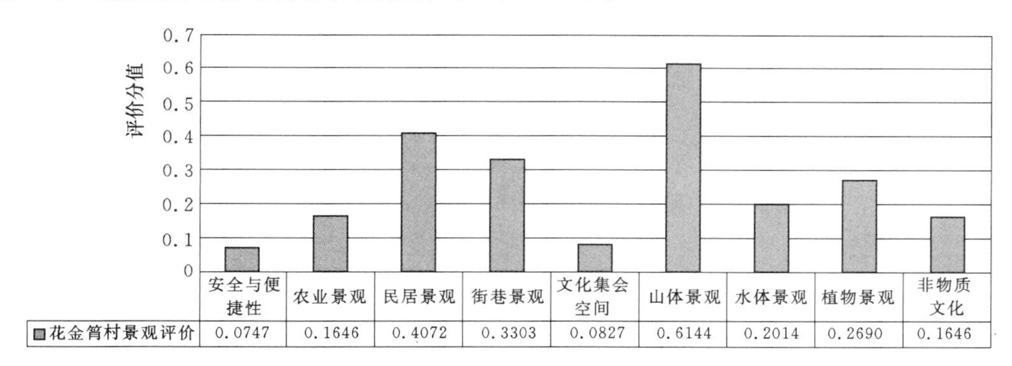

图 3.64 花金箐村景观评价分值比较图

(4) 花园岭村。花园岭村个性特质评价分值最高，为 2.9035 分。横向比较 9 项要素指标显示民居、山体和街巷景观评价值都在 0.4 以上，和其他乡村纵向比较要素指标发现花园岭村的非物质文化评价值最高，居住生活和自然生境位于次优的水平，也就是仅次于居住生活最优的老峪村和自然生境最优的花金箐。综合其他乡村定位，花园岭村的景观可定位古村文化体验，需要梳理街道空间，修缮和突出建筑特色，营造空间场所感，强化乡村文化，同时增加绿化的总量和形式，共同营造历史感浓厚，风景优美的乡村（图 3.65）。

(5) 花甲峪村。花甲峪村个性特质特质评价尚可，2.6796 分，稍低于花园岭村和老峪村，横向比较花甲峪村要素指标发现民居景观和山体景观在 9 个指标里面最突出，纵向比较发现安全与便捷性、农业景观、山体景观指标评价值也较高，处于次优的水平。同时乡村格局呈现外凸式，视野开阔，地形起伏变化大，有着丰富的三远视景：仰视高远、俯

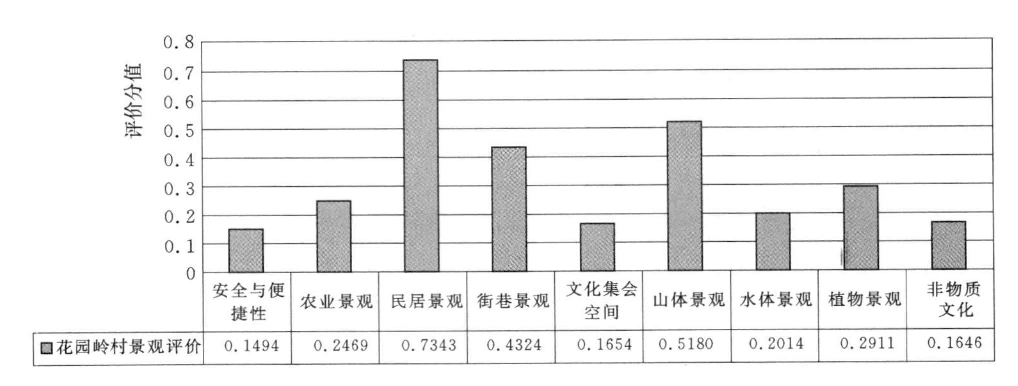

	安全与便捷性	农业景观	民居景观	街巷景观	文化集会空间	山体景观	水体景观	植物景观	非物质文化
花园岭村景观评价	0.1494	0.2469	0.7343	0.4324	0.1654	0.5180	0.2014	0.2911	0.1646

图 3.65　花园岭村景观评价分值比较图

视深远、中视平远，使人与山与村之间有不同尺度、不同距离、不同角度的感知。相比较其他乡村，花甲峪村最适合于发展艺术乡村，使用艺术的手段提升乡村的魅力和产业的价值，提供与艺术相关的功能：艺术展览、艺术写生、艺术创作、艺术家设计室、艺术游学等（图 3.66）。

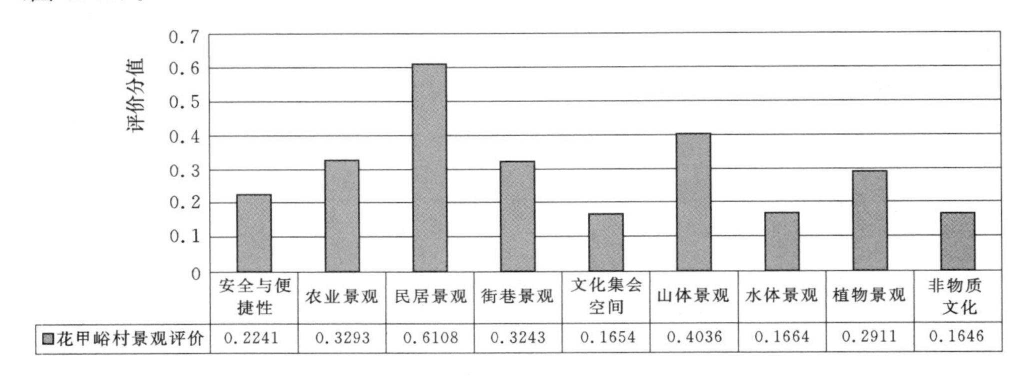

	安全与便捷性	农业景观	民居景观	街巷景观	文化集会空间	山体景观	水体景观	植物景观	非物质文化
花甲峪村景观评价	0.2241	0.3293	0.6108	0.3243	0.1654	0.4036	0.1664	0.2911	0.1646

图 3.66　花甲峪村景观评价分值比较图

3.2.7　特质评价的规律

为了找寻鲁中山区乡村景观个性特质的规律，运用“鲁中山区乡村景观个性特质评价方法”又对淄博、泰安乡村群进行了乡村景观特质的分析，绘制乡村景观指标评价分值（图 3.67、图 3.68）。

把济南、淄博、泰安乡村的景观指标评价分值叠加发现，虽然乡村 9 个要素指标不同，但是图中有两个区域的颜色最深，表明这两个区域的指标数值出现的最频繁。一处是在图 3.69 的下方位置，9 个要素指标在 0.1～0.13 的范围区间，即鲁中山区乡村景观基础特质；另一处是接近最高点的上方位置，涵盖民居景观、街巷景观和山体景观 3 个要素指标，在 0.3～0.52 的范围区间，即鲁中山区乡村景观优势特质。由此可见，鲁中山区每个乡村的景观指标虽然各不相同，但是在数值的分布上呈现出如下规律：

（1）具有良好的基础特质景观。调研范围内的乡村同时具备良好的安全与便捷性、民居景观、街巷景观、文化集会空间、山体景观、水体景观、植物景观、农业景观和非物质

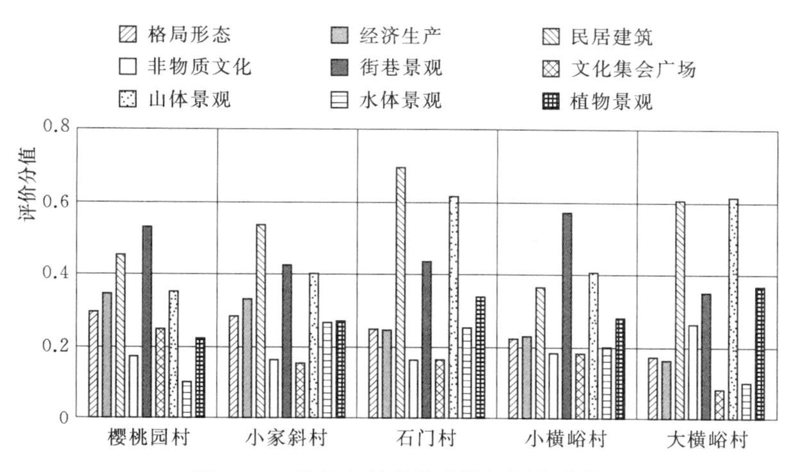

图 3.67 泰安乡村群景观指标评价分值

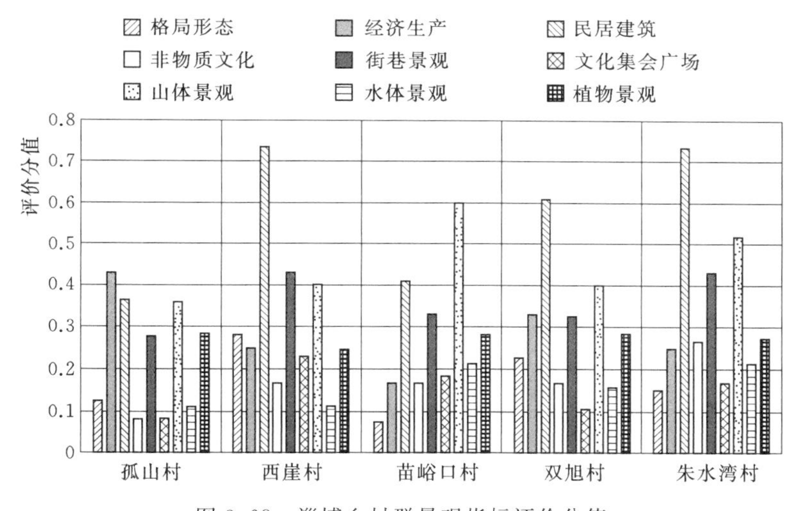

图 3.68 淄博乡村群景观指标评价分值

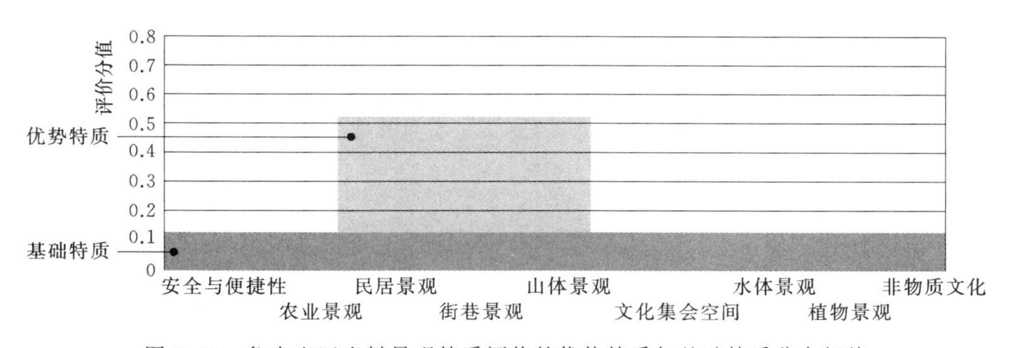

图 3.69 鲁中山区乡村景观特质评价的优势特质与基础特质分布规律

文化遗产，这是鲁中山区乡村的景观基础。

(2) 具有鲜明的优势特质景观。乡村民居景观、街巷景观和山体景观的特质评价指标分值较高，是调研范围内所有乡村的优势景观。使用人群感知分析的结果表明这 3 个方面正是新住民认为乡村最具吸引力的元素。

（3）具备突出的主体特质景观。研究结果表明乡村景观要素指标呈现出每个乡村在居住生活、自然生境、格局形态、精神文化、经济生产的景观强弱不同，但是每个乡村都具有最典型、最突出的景观特质，即乡村景观的主体特质（图 3.70）。同时研究还表明这种

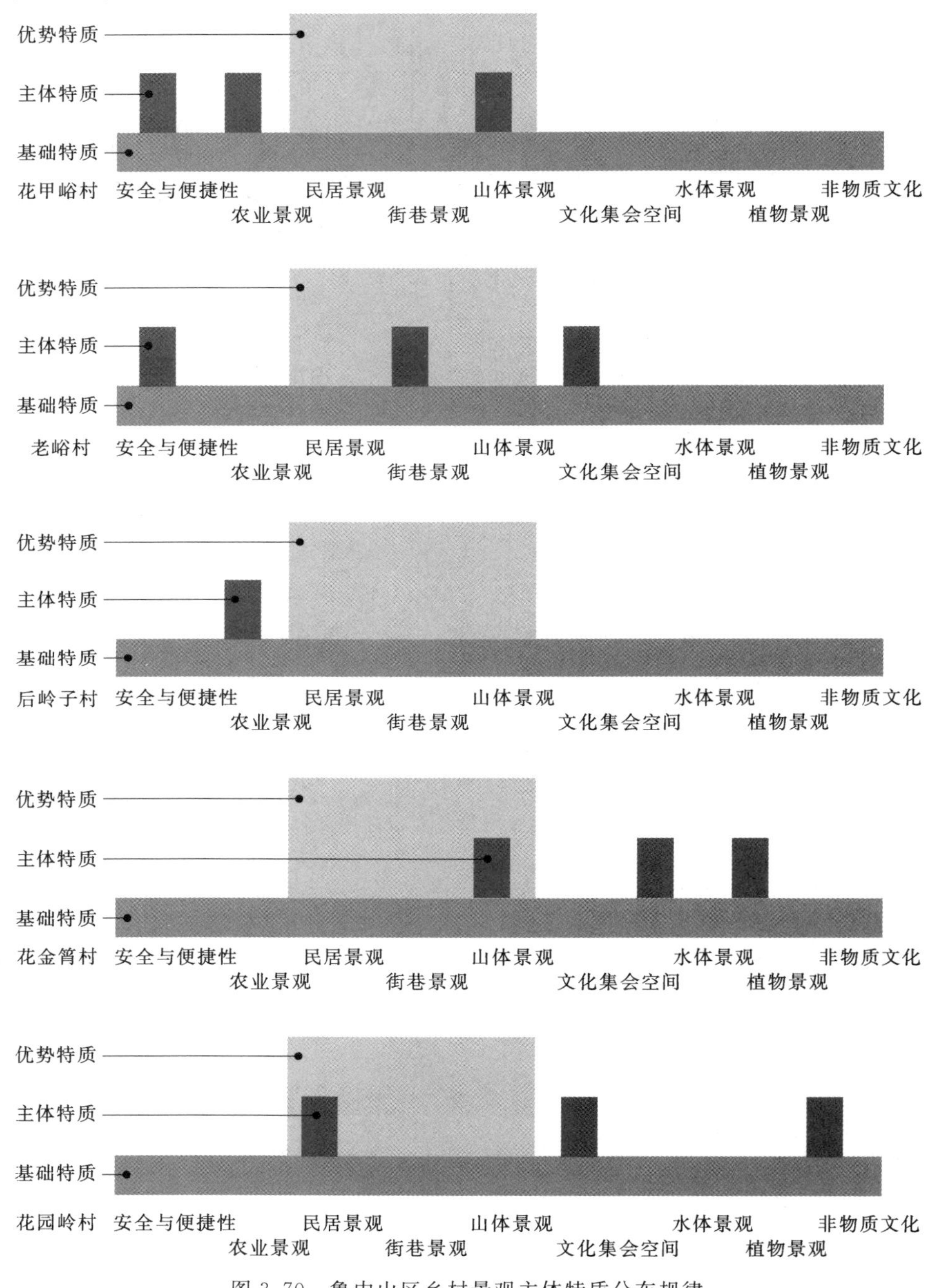

图 3.70　鲁中山区乡村景观主体特质分布规律

主体特质具有空间分异特征，有明显的空间集聚性。例如农业景观主体特质在花园岭村表现突出；格局形态、农业景观和山体景观主体特质属花甲峪村最为突出；安全与便捷性、街巷景观和文化集会空间共同形成居住生活氛围的主体特质，在老峪村表现最为鲜明突出；山体景观、水体景观和植物景观共同形成花金箐村侧重于自然生境的主体特质；花园岭村的乡村景观主体特质是民居景观、文化集会空间以及非物质文化形成的文化特质。

3.2.8 个性特质小结

运用层次分析法、德尔菲法和理论分析法等研究方法，结合鲁中山区乡村景观的实际情况确定了鲁中山区乡村景观评价体系的框架、指标权重系数和功能指标的评分标准，并参考杨知洁、谢花林、刘黎明、肖禾等研究者关于乡村景观评价的理论形成了鲁中山区乡村景观特质评价公式，从而构建了一套完整的鲁中山区乡村景观特质评价方法。

运用鲁中山区乡村景观特质评价的方法可以分析界定不同乡村景观的个性特质。首先由专业人士按照鲁中山区乡村功能评价指标的评分标准表在乡村现场直接打分，并取结果的平均值，运用特质评价公式，计算要素指标的分值和乡村特质评价的分值并做成图表，进行指标的横向比较和纵向比较，界定乡村景观个性特质。

运用“鲁中山区乡村景观个性特质评价方法”对多处乡村群进行了乡村景观指标评价分值综合图表的分析绘制。发现不同乡村景观的要素指标强度不同，没有强度完全一样的乡村景观要素指标，乡村景观个性化特质鲜明。把所有分值综合图表叠加分析发现鲁中山区乡村景观不仅具有良好的基础特质、鲜明的优势特质，并且具备突出的主体特质，这种特质有明显的空间集聚性。

鲁中乡村景观个性特质界定的方法可应用于相似地域的乡村景观个性特质的界定，利于乡村景观个性化的呈现和乡村景观发展模式的确定，对乡村的经济文化发展起到了积极的促进作用。

第4章 发展模式研究

从民居景观、院落空间、院门景观、街巷空间、集会文化空间、自然生境、精神文化、经济生产和格局形态9个方面展开研究，对类型组成、样式形态、尺度大小、材料属性进行界定，归纳总结出鲁中山区乡村景观鲜明的地域特征，为乡村的传承创新发展提供理论基础，创造既具有时代特征又联系历史未来的多元化乡村景观群。

通过建立的乡村景观个性特质评价方法分析不同乡村景观，发现乡村在居住生活、自然生境、格局形态、精神文化、经济生产的景观强弱不同，每个乡村在不同层面具有鲜明的主体特质。由于特质指标的选取以乡村景观功能为依据，所以以主体特质和功能为依据确定乡村景观发展模式及类型。

鲁中山区乡村景观发展模式在系统论、空间再生理论、景观生态学理论、环境心理学理论、景观安全格局理论和城市意向理论，并结合城乡规划理论和风景园林规划设计理论的基础上进行研究，主要有以下几方面内容：

(1) 明确提出鲁中山区多样化乡村景观群发展模式的内容特征。

(2) 全面分析原住民和新住民两类人群的乡村感知元素。

(3) 系统解析鲁中山区乡村景观发展模式的实施路线：确定乡村群-基础调研-功能指标赋值-个性特质-主体功能-发展模式-规划设计-乡村发展。

(4) 分类确定艺术表达型、居住民宿型、种植观光型、生态康养型和文化感知型5种不同的乡村景观类型。

4.1 发展模式的理论研究

4.1.1 鲁中山区乡村景观发展模式的理论基础

1. 系统理论

我国著名科学家钱学森对系统概念进行了界定，“系统是由许多部分所组成的整体，强调整体是由相互关联、相互制约的各个部分所组成”，“整体大于部分之和”是系统论最重要的观点。不同学者从不同视角发展出不同的观念与主张丰富和充实系统论，如可能论(Schultz，2002)、地理环境系统论（Groot，2011)、适应论（Salmon，2000)、生态论(Flint，2013)、生态调节论（Clayton，2009)、协调论（Soga，2016）等，被广泛运用于资源利用、环境治理、土地可持续性、规划设计及社会发展等相关领域的研究。乡村景观是由经济生产、居住生活、自然生境、精神文化、格局形态五大方面组成的具有一定结构和功能的系统整体，每个方面又包含着许多相互关联、相互作用的内容和要素，乡村景观是要素相互作用的整体结果。

2. 内核理论

内核理论是指要实现物品（程序）的目标或者功能必须具备关键的技术或者方法。乡村景观的康体休闲、文化生态、经济生产、居住生活等多种功能的实现，必须找到最为关键或者核心的技术。乡村景观特质为乡村景观多方面的发展提供方向，为乡村景观继承创新发展提供源泉，是乡村景观发展的内核。中国乡村是以古代有机论自然观为基础，把古代天文、气候、大地、水文、生态环境等内容引进选择地址、布建环境的艺术之中，形成了适应于自然环境和社会文化环境的景观特质。

3. 景观安全格局理论

景观生态安全格局是俞孔坚教授（2006）在麦克哈格的千层饼模式基础上提出的，是对维护生态文化健康具有关键意义的标志、节点和面状区域共同构成的潜在的生态结构格局。俞孔坚教授将乡村作为一个具有历史的生命机体，整合不同安全水平的景观格局并穿插于新的乡村规划设计，补贴新的功能区，形成有活力的乡村（图 4.1）。

4. 景观生态学理论

景观生态学是研究景观单元的类型组成、空间格局及其与生态学过程相互作用的综合性学科，以尺度-格局-过程之间的相互作用为核心（邬建国，2007）。Turner（2001）、Wu（2013）、Reynolds（1995）的研究强调对尺度、等级结构及空间异质性的研究。“斑块-廊道-基质”原理是景观生态学的核心，良好的生态环境需要满足斑块、廊道、基质的合理结构。乡村景观生态注重运用地方材料，保护与节约自然资和尊重自然的力量。朱家林利用废弃的水泥材料重新组合形成广场铺装（图 4.2）。同时尽可能减少能源、土地、水的使用，提高使用效率，根据相似功能的原则，实现一地多用途。

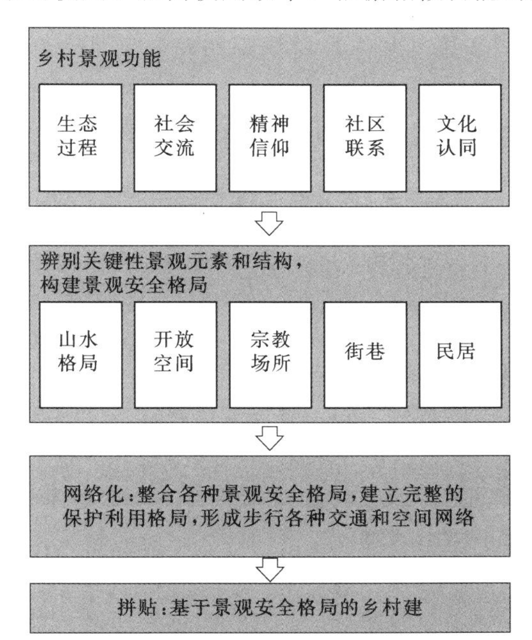

图 4.1 景观安全格局理论的乡村应用程序

图 4.2 朱家林的生态广场

5. 城市意向理论

凯文·林奇（2001）的城市意象理论认为城市形态具有五大环境要素：标志物、节点、道路、边界和区域。理论指出易识别环境的特征有3点，通过道路、节点和标志组合形成合理的组织与结构；在某些区域内通过统一的建筑风格、色彩、绿化模式、景观形象等形成与其他区域相区分的特征；不同时代、不同风格的建筑景观记载着乡村的历史与文化，更新发展后的乡村应该是具有自身特色并且具有合理化结构的空间。

6. 空间再生理论

空间再生理论是在可持续发展理论基础上提出的，1975年默西赛德郡议会提出城市再生政策以提升衰败、废弃场地的环境质量；1994年英国实施城市再生计划，对欧美地区产生了重要影响。再生政策倡导将人与社会的功能和发展当作地方发展的主要依托。空间再生的特征在于再生后保持其应有的空间功能，或具有全新的功能，或形态体现时代的社会现象、经济特征、文化背景、科技水平和审美要求，是时代社会现实的某种反映（张中华，2012）。通过对新材料、新手法、新工艺的运用，创造出有别于传统审美的新空间，使旧空间的历史感和新内涵之间相映成趣，实现历史与未来的共生。

7. 感知理论

感知理论是环境心理学重要的范畴（胡正凡等，2012），目前感知理论和乡村结合的结论中影响比较大的是：感知理论认为不同人群观察视角不同，相同乡村景观会产生差异性印象。乡村的开敞空间与和谐景观一直在人们感知中占据着重要的分量。人类偏爱含有植被覆盖的、水域特征的、具有视野穿透性的乡村景观。

4.1.2 鲁中山区乡村景观发展模式的内容特征

社会在发展，时代在进步，乡村景观也要同步提升。但乡村景观的发展不是舍弃传统，那样发展起来的乡村将成为无源、无根、无内在的躯壳乡村；反之，为了留住传统特质而固步自封，乡村景观不发展不作为也是不合理的。在创造中继承，在推陈中出新，创造出具有不同时代烙印的中国新乡村景观成为趋势。

乡村景观是一种动态的景观，随着乡村生产生活方式的改变而变化，在乡村环境、经济和社会发展的过程中维护自身的核心价值，实现可持续的发展。乡村景观是人类活动叠加在自然上形成的景观，土地有人耕，民居有人住，环境有人维护的情况下，乡村景观才能延续。所以，乡村景观需要在维护生态平衡、尊重景观整体协调的基础上进行，必须能够促进当地农业、经济和社会的进步，乡村景观才能够可持续发展（林箐等，2016）。

乡村景观模式要充分考虑乡村发展及乡村人群的多种可能，结合乡村基础条件和乡村景观特色资源，将乡村发展成为有着共同生活梦想和价值追求的人们生活的地方。鲁中山区乡村数量庞大，仅就济南山区乡村数量约500个，山区乡村相对信息封闭、交通不便、更新较慢、设施陈旧、经济落后，但也因此避开了快速的城市建设性破坏，乡村景观得到相对完整的保留。

鲁中山区乡村景观发展模式是以鲁中山区乡村现状为基础，整合空间再生理论、景观生态学理论、环境心理学理论、景观安全格局理论和城市意向理论，并结合城乡规划理论和风景园林规划设计理论内容而确定的。

鲁中山区乡村景观发展模式为：以乡村群为宏观发展对象，整合群体景观资源优势；以乡村个体为微观发展对象，强化个体景观资源特色；以乡村个性特质和共性特质为发展内核，并以内核为源泉；以形象更新为形式重点；以乡村感知要素为空间重点；以空间再利用为功能重点；以原住民（村民）和新住民（短期居住、长期居住）为服务对象；以景观特质-主体功能-发展模式-规划设计为发展路线，创造既具有时代特征又联系历史未来的多元化乡村景观群（图 4.3，图 4.4）。

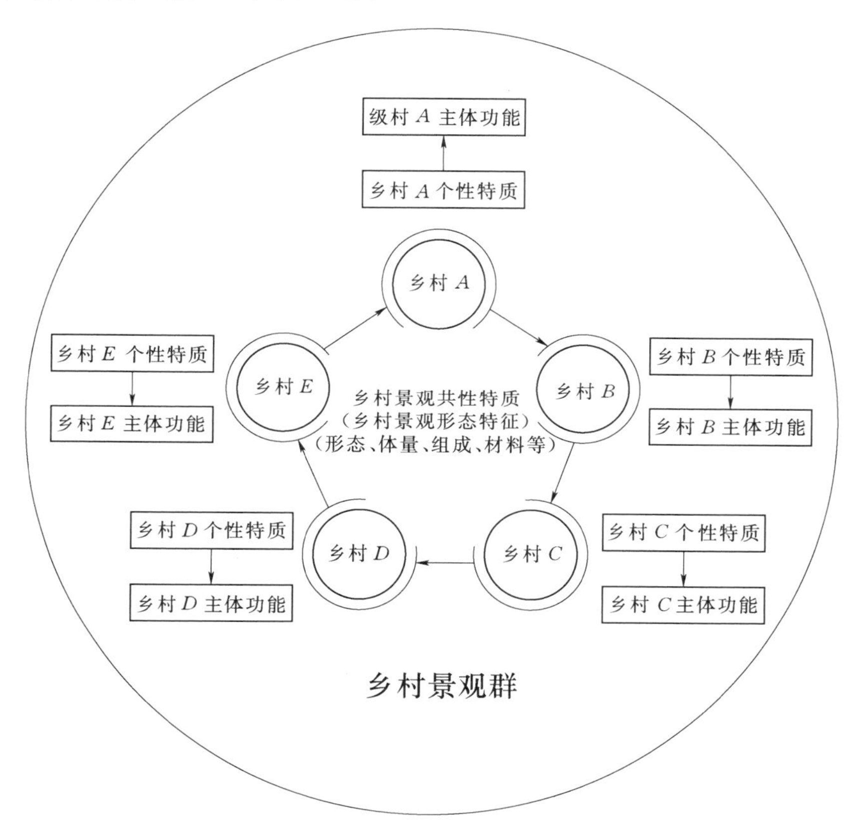

图 4.3 乡村景观群理念分析

1. 以景观特质为内核

土壤的贫瘠、地形的复杂、水资源的不足、交通的不便等原因导致鲁中山区单一性的发展农业、林业或工业不切实际。乡村原有的生态文化基底是鲁中山区乡村区别于平原乡村或其他地域乡村的鲜明特色，也是设计师创造乡村景观形式和功能的源泉。鲁中山区乡村的共性特质是乡村地域特色的景观表达，乡村群范围内的乡村个性特质是乡村有别于其他村鲜明的景观优势，鲁中山区乡村景观模式应以景观特质为发展内核，融入设计师基于规划、生态、文化、心理、美学等学科理论提出的模式方法，从而激发乡村活力。

2. 以乡村群为规划对象

鲁中山区自然村规模较小，资源优势不明显，为了资源的整合和规划的整体性必须

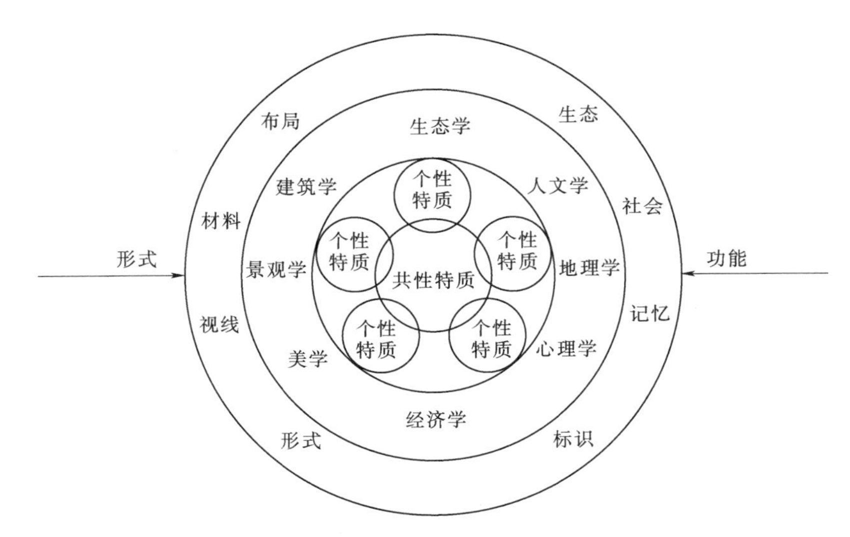

图4.4　鲁中山区乡村景观发展模式理念分析图

以乡村群为研究对象。乡村群不以乡村的行政划分为依据，以乡村外在的自然地理特征和内在的物质与非物质文化相似性确定。鲁中山区乡村景观模式中将若干个地貌单元相似、位置距离较近、历史文化传统相似的自然村合并成一个大的乡村群进行统一的规划与建设。

3. 以多元化的乡村景观群为方向

相比较文化及自然资源相对丰富的传统村落和历史文化名村，山区乡村的文化资源级别较低，但仍有历史有故事；虽自然资源级别低，但仍有美丽的田园；虽予以保护级别较低，但仍要对部分元素进行保护。保护级别低，所以乡村景观有了更多的发展可能，结合特质的传承，把新形态的景观和原始乡村风貌特征结合起来形成旅游、养老、度假、休闲乡村、主题庄园、民宿酒店、有机农业、参与农业、创客实践、艺术家工作室等。每个乡村有固属的景观特色和主体功能，围绕景观特色和主体功能衍生出相关景观形象和功能，而乡村群是最为多元化的乡村景观群落。

4. 以空间再利用为乡村景观功能重点

乡村景观功能已然发生改变，例如传统乡村的建筑庭院由原来的居住生活空间、杂物空间、饲养空间等功能转变为种植、休闲、健身空间等，而且注重景观质量和意境。乡村空间再利用是通过沟通的、渐进的、协调的、网络的方式逐步推进乡村的继承和发展，强调在把握未来变化的基础上更新场地的功能结构，改善人居环境。

乡村景观功能要满足人们日益增长的美好生活需求，所以乡村空间再利用要在村民朴实的居住、生活和生产等原有功能的基础上增加社会功能：多样的休闲活动和健身空间；良好的学校教育和游玩场地；稳定的医疗保健和经济收入；乡村的特色标识和乡村记忆功能；养生养老、艺术创客、户外运动、文化民宿等特色功能。

5. 以形式更新为乡村景观形式重点

形式与功能密不可分，功能的拓展随之带来景观形式的变化，根据场地性质和功能采取3种处理方式，保护、改变和全新的设计（图4.5）。

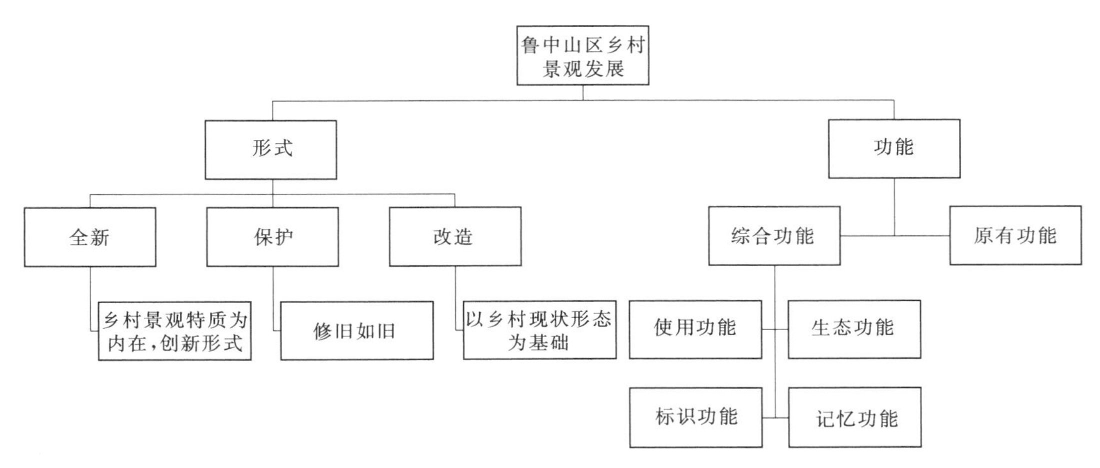

图 4.5 乡村景观功能和形式的发展模式图

乡村景观建设中，应尽量使用乡土材料，乡土技艺，乡土植物，不仅能延续历史与文化的价值，而且往往代表了低造价、低养护和对环境的友好，是可持续的。随着社会的进步，农村产业结构的调整，新的生产生活方式的引进，新材料的应用，乡村景观形式也在不断地变化。这种变化应当是逐渐渗透和有机更新的，而不是用新的形式完全代替旧的内容。

以民居建筑为例，形式处理必须在充分调研民居年代、材料的基础上采取对应形式的改变。一些保存较好，结构较为稳定的老宅，在保持原有风貌的基础上稍作整理，内部结构加固，门窗更换，功能置换；结构坚固的条石砌筑或砖混结构的瓷砖贴面进行墙面和屋顶的改造，以石材重新贴面，完善基础设施，规整院落；少数牲口棚、彩钢板房等跟风貌格格不入的临建或损坏较大、翻新成本高的老建筑需要拆除做全“新”的设计。“新”是以乡村传统材料为主，结合可以融入乡村氛围的混凝土、透水砖、夯土和玻璃等现代材料，展现全新的功能如茶室、民宿、酒吧、阳光房，创造兼具历史感和现代感的空间（图 4.6)。

图 4.6 传统材料和现代材料的融合

乡村中其他要素也要遵循保护、改变和全新的设计原则。古树名木、古井、磨盘、拴马石、黑漆大门、古老置石、风水林等年代久远的或者村民信仰的或者典故传说的都要予以保留，并进行保护提升。乡村的建筑庭院、村民活动的公共空间、主街巷道等空间需要以乡村现状为基础，以新功能实现为原则，以乡村景观信息为内在，通过改变空间形态、增加设施内容和组合不同材质等方法进行空间改造，满足全新的功能。

6. 以感知要素为空间重点

人们对环境的感知至少分为两个阶段，首先是外在的感知，其次是内在的感知。外在的感知是指对景观空间结构体系中重要的点、线、面的感知，内在的感知是对于空间内容的感知，尤其是在空间使用过程中与人的五感互动，若能达到精神层面的互动便是感知良好的状态（图 4.7）。

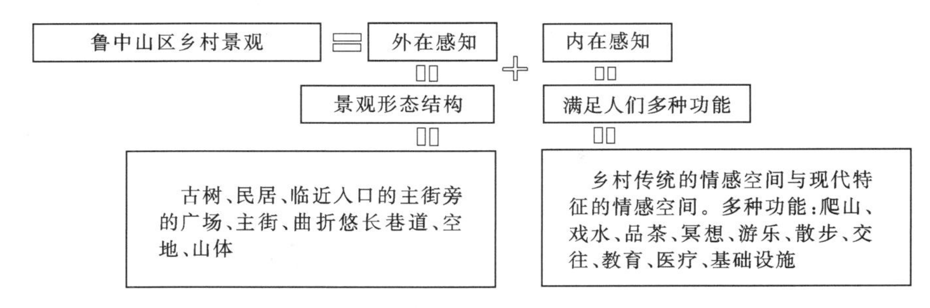

图 4.7　感知乡村环境要素分析图

乡村要素按照景观结构中点、线、面进行区分，通过对村民和外来者的认知地图调研数据分析统计发现，山区乡村景观结构中最为重要的点是古树、民居、临近入口的主街旁的广场空地；最为重要的线性景观是主街和曲折悠长巷道；最为重要的面状景观是山体。

内在的感知是在使用空间时人与景观发生五感互动过程中产生的感知，这种内在的感知需要满足人们对于多种功能的需求，满足人们对于乡村传统特质的情感和时代景观特征的偏爱，满足物质方面和精神方面的双重需要。

7. 以原住民与新住民为服务对象

原住民是指原来居住的村民，新住民则是在乡村长期居住或短期居住或一日游赏的人群。之所以使用原住民和新住民的称谓是表明乡村将不仅是村民生活的地方，而是有着共同理想和生活追求的人们的广阔天地。乡村的发展需要服务于原住民与新住民，没有村民的乡村就不会有村民的生产生活和活动，就没有了乡村的情怀，没有了内在，乡村的生命力弱且短暂；没有新住民的注入，乡村的发展单一，经济严重滞后，只有乡村“内核”没有乡村的“果肉”终会消亡，需要多元化的功能吸引新住民加入乡村，使得乡村外在的“果肉”肥美且持久。原住民与新住民的生活将是相互影响、相互吸引、相互融合。

4.1.3　鲁中山区乡村景观发展模式的服务人群

乡村景观不仅服务于原有村民，还服务于在乡村居住、创业、工作和旅游的城市人群，本文中将原有村民称为原住民，其他居住生活人群称为新住民，以体现乡村不再是传统意义的农村，代表着一种生活的地域范围和生活的状态。通过分析两类人群对乡村的感知结果为发展模式和规划设计提供依据。

1. 乡村的吸引力

针对“空心村”现象和城市人群的“乡村热”现象进行了乡村吸引力分析，以找寻村民逃离乡村而城市人热衷乡村游的截然不同的两种现象的原因。

乡村吸引力体现在村民是否会持续生活在乡村，或者说乡村有没有足够的吸引力可以持续的留住一代又一代村民。乡村要持续发展，吸引人们能够在这里持久的生活是首要任务，也是衡量一个乡村吸引力和活力的重要标准。

通过对不同乡村的原住民和新住民进行调研问卷，并进行数据统计分析，绘制了原住民未离开乡村的原因比较图（图 4.8）和新住民造访乡村的原因比较图（图 4.9）。

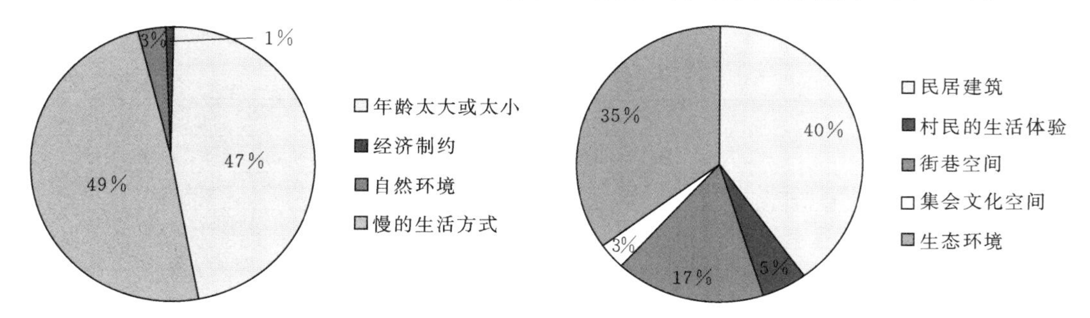

图 4.8　原住民未离开乡村的首要原因分析图

图 4.9　新住民造访乡村的原因分析图

反馈结果显示，对于原住民（村民）来说至今仍然留在乡村的主要原因并不是因为乡村优美的生态环境，更不是慢节奏的乡村生活方式，而是因为年龄过大，不愿意离开自己生活了一辈子的地方；或者孩子年龄过小未到上幼儿园和小学的年龄，暂且留在乡村，由老人帮忙照看；还有一个很重要的原因就是经济条件的制约，村民买不起城市的房子，哪怕是乡镇的住房也是负担不起，所以他们依然无奈的生活在乡村。可见，当下状态的乡村对村民来说是没有吸引力的。

未来的乡村要具有持久吸引力也就是能够吸引一代又一代的村民在乡村生活，或者吸引已离开的村民回到乡村生活条件是相同的（表 4.1），需要同时满足经济、教育、医疗、交通。所以，留住村民＝经济富裕＋教育完善＋医疗卫生＋交通便捷＋……需要乡村经济、文化、生活、社会的全面发展。

表 4.1　　乡村吸引力调查分析表

对象	问　题	原因（由主到次的排序）
原住民	未离开乡村的原因	年龄太大＞经济制约＞优美环境＞乡村慢生活方式
	已离开乡村的原因	同时因为经济、教育、医疗、基础设施等方面的滞后
	仍希望在乡村居住的条件	同时满足经济、教育、医疗、基础设施
	外地回到乡村生活的条件	同时满足经济、教育、医疗、基础设施
新住民	来乡村的原因	特意来旅游
	乡村吸引您的原因	民居建筑＞街巷空间＞生态环境＞集会文化空间＞村民的生活体验
	乡村存在的问题	交通＞经济＞教育＞基础设施

对于新住民（外来者）来说，乡村具有较大吸引力，经过对调研问卷的数据分析得出具有乡村吸引力的元素是乡村特质景观的类型和质量，排序是民居建筑>街巷空间>生态环境>集会文化空间>村民的生活体验，这为乡村景观发展提供了数据支持。

新住民认为目前乡村存在的最大问题是交通，其次是经济，然后是教育和医疗。便利且舒适美观的道路是乡村发展的必要条件，不仅为乡村的原住民和新住民带来交通的便捷，同时加强乡村和外界的联系，提高乡村的影响力，为乡村的持续发展提供可能。

2. 乡村认知地图

认知地图的分析可以获取两类人群对乡村的感知结构，有利于形成让原住民和新住民都易于识别的乡村标志、节点、巷道和面域。通过对原住民和新住民的认知地图进行数据、文字和图形统计后得到的信息见表 4.2。

表 4.2　　乡村认知地图分析表

问　题	原住民	新住民
乡村的特质（排序）	古树、蓝天、山体	民居、山体
本村区别于邻村的特质	无	无
最主要的道路	主街	主街和一些小巷
最主要的活动场地	某户人家的家门口	选择临近村口的主街旁面积较大空地
最主要的乡村标志	古树>磨盘>民居	民居
最主要的面状区域	农田>山体	山体>农田

通过认知地图的分析发现：

原住民认为最主要道路是主街；新住民认为最主要的道路除了主街以外还有一些小巷，这些小巷共同特点是曲折悠长、街巷空间丰富。

对于最主要的活动场地的位置分歧较大，多数原住民选择的是某户人家的家门口，这样的空间一般是门口场地较大、光照足、避风、视野好，往往旁边还有古树或石磨的地方。而新住民选择的是临近村口的主街旁面积较大空地。

原住民和新住民标注的最主要乡村标志存在很大的不同。多数原住民标注的是古树，而多数新住民标注的是民居，而这些民居的位置多数是他们选择的主要场地的附近。再一次证明了古树对于村民的重要，而民居对于外来者的吸引。

最主要的面状区域认知上，原住民更多的是选择和他们具有生产关系的农田，也有一部分人选择了山地。而新住民更多的时选择了山地，极少的人选择农田，这一结果也说明了人们的认知结果和生活阅历有很大关系。

村庄入口节点和标志并没出现在大家的认知地图里，那是因为现在乡村入口界限模糊，缺少入口标识，但是入口应是乡村景观结构布局中的重要节点，是村庄的特色体现。

4.1.4　鲁中山区乡村景观发展模式的实施路线

鲁中山区乡村景观研究强调基于景观特质提出的乡村景观发展模式和规划设计，强调多样化乡村景观群的创造，既具有鲁中山区乡村景观共性特质又具有鲜明的个性特质，重视乡村特质与功能的关系。鲁中山区乡村景观发展模式的实施路线可分解为 8 个逻辑过程（图 4.10）：确定乡村群-基础调研-功能指标赋值-个性特质-主体功能-发展模式-规划设计-乡村发展。其中乡村群的确定和基础调研主要应用乡村景观共性特质理论，功能指标赋值、个性特质和主体功能的确定主要应用个性特质评价方法的理论，发展模式的确定依据主要是景观特质理论和发展模式理论，规划设计环节主要应用景观特质理论、发展模式理论以及规划设计相关理论（图 4.11）。

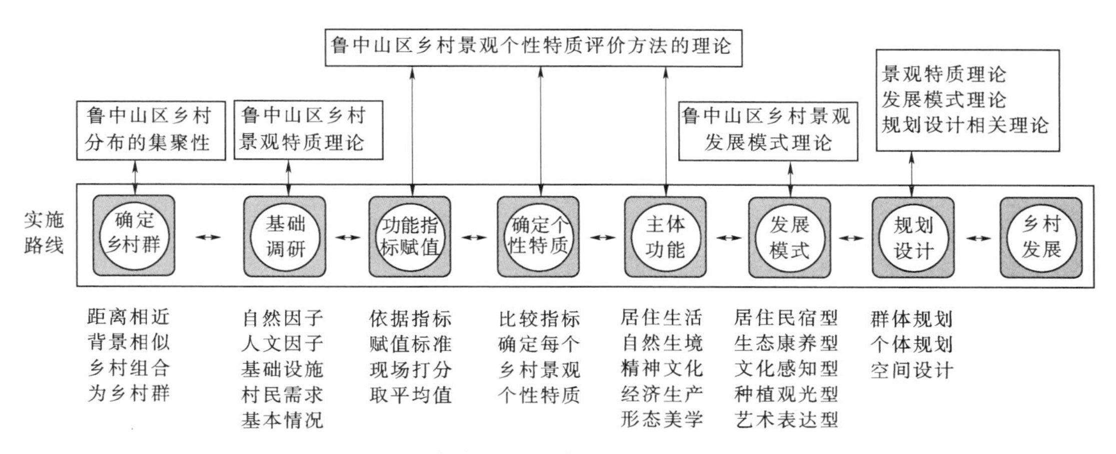

图 4.10 鲁中山区乡村景观实施路线分析图

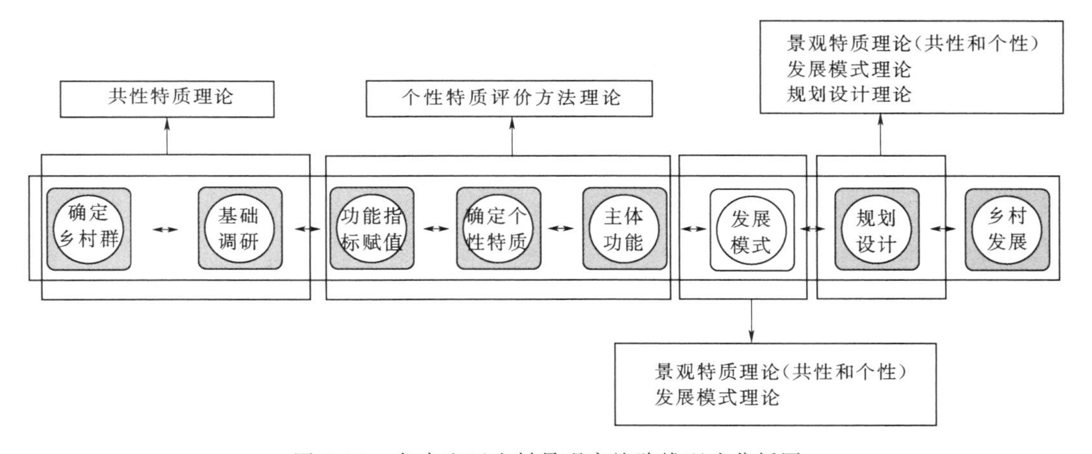

图 4.11 鲁中山区乡村景观实施路线理论分析图

首先是选择距离较近，文化和自然背景相似的数个独立乡村为乡村群。其次对规划区域内及周边的资源进行调查和资料收集，由专业人士运用鲁中山区乡村景观评价指标的评分标准对每个乡村的景观内容进行合理打分并取平均值，利用构建的鲁中山区乡村景观个性特质评价体系计算分析界定乡村群范围内的乡村景观个性特质，并以此为基础确定乡村景观的主体功能，运用提出的鲁中山区乡村景观发展模式的理论，从而确定鲁中山区乡村景观模式类型。最后结合鲁中山区乡村景观共性特质进行乡村景观规划设计的营建，从而实现乡村经济、文化、生态、生活、社会的全面发展。具体内容如下。

1. 乡村群的确定

鲁中山区乡村在历史的发展中受到地形、地貌、交通、文化、变迁、生活的多方面影响形成了聚集性空间分布的特征，往往4～6个乡村的分布较为密集，形成团状。如果4～6个乡村为一个团状乡村群，那么团状乡村群之间的空间分布较远，而且分布的距离和地形的高度和坡度有直接的关系，地形越高、坡度越陡，距离越远。同时鲁中山区自然村的规模较小，资源优势不明显，所以将若干个地貌单元相似、位置距离较近、历史文化传统相似的自然村合并成一个大的乡村群进行统一的规划与建设，有利于资源整合，形成各具特色又功能综合的乡村群。

2. 基础调研的开展

对规划区域内及周边的资源进行调查和资料收集，综合国内外有关规划基础资料收集相关成果，结合乡村景观规划实践实际，将基础资料调查所需资料分为居住生活景观资料、自然生境景观资料、精神文化景观资料、格局形态景观资料、经济生产景观资料、基础设施状况资料以及村民需求及基础状况资料，具体内容如下：

(1) 居住生活景观资料。民居的保存完好度和建造年代，具有价值的院落空间、集会场地、文化场地、主街与小巷的景观现状。

(2) 自然生境景观资料。地形、地貌、海拔、坡度、水文、气候、土壤、植被、野生动物等。

(3) 精神文化景观资料。民间艺术、节庆活动、语言文字、名人典故、风俗习惯等。

(4) 格局形态景观资料。布局形态、聚落与山、水、路的关系。

(5) 经济生产景观资料。资源类型、配套设施、开发程度、科技含量、市场竞争力、规模大小、产业整合可行性等。

(6) 基础设施状况。生产基础设施现状、道路基础设施现状、生活基础设施现状等。

(7) 需求及基础状况资料。村民对生活、生产、生态各方面的需求状况，以及目前的人口、年龄、收入等基本情况。

3. 功能指标的赋值

由专业人士按照乡村景观功能指标含义（表3.4）对乡村群范围内的每一个乡村进行景观功能指标赋值打分（表4.3），并取平均值。

表4.3　乡村景观功能指标赋值表

功能指标	分值	赋值乡村 A	赋值乡村 B	赋值乡村 C	功能指标	分值	赋值乡村 A	赋值乡村 B	赋值乡村 C
安全和便捷评价指标	5				山体景观生态性	5			
	4					4			
	3					3			
	2					2			
	1					1			
农业景观特色性	5				山体景观观赏性	5			
	4					4			
	3					3			
	2					2			
	1					1			

续表

功能指标	分值	赋值乡村 A	赋值乡村 B	赋值乡村 C	功能指标	分值	赋值乡村 A	赋值乡村 B	赋值乡村 C
集会文化空间感染性	5				水体景观生态性	5			
	4					4			
	3					3			
	2					2			
	1					1			
民居建筑美观性	5				水体景观观赏性	5			
	4					4			
	3					3			
	2					2			
	1					1			
民居建筑特色性	5				植物季相性	5			
	4					4			
	3					3			
	2					2			
	1					1			
民居建筑悠久性	5				植物覆盖率	5			
	4					4			
	3					3			
	2					2			
	1					1			
街巷形式的美观性	5				文化吸引力	5			
	4					4			
	3					3			
	2					2			
	1					1			
街巷空间的丰富性	5				文化本土性	5			
	4					4			
	3					3			
	2					2			
	1					1			

4. 个性特质的确定

运用第三部分建立的鲁中山区景观个性特质评价模型，计算指标的分值和乡村景观评价的分值，并做成图表，分析比较乡村景观评价指标，找寻乡村景观个性特质。

5. 主体功能的确定

通过特质评价分析发现鲁中山区乡村景观具备突出的主体特质。这种特质分布有显著的空间分异特征，有明显的空间集聚性。

所谓主体特质景观是乡村最具典型的景观特质，景观特质指标的选取主要来自于功能的角度，所以乡村景观主体特质是乡村最为突出的潜在功能，也就是乡村景观主体功能，建立乡村景观个性特质与主体功能的联系。乡村在居住生活、自然生境、格局形态、精神文化、经济生产的景观强弱不同，所以体现出乡村在居住生活、自然生境、格局形态、精神文化、经济生产方面的主体功能的不同。主体功能是自身资源环境条件所决定的，代表该地区的核心功能，各个乡村因为主体功能的不同，相互分工协作，共同富裕、共同发展（朱传耿，2007）。

6. 发展模式的确定

运用提出的鲁中山区乡村景观发展模式的理论，以最为突出的个性特质和功能作为乡村景观发展模式的核心内容，结合已有研究成果和鲁中山区实际情况将山区乡村景观发展模式分为艺术表达型、居住民宿型、种植观光型、生态康养型和文化感知型5种不同的乡村景观类型。

农业景观特质最鲜明的乡村，农业景观就是乡村主体特质，发展模式以农业作为发展内核，形成种植观光型乡村；富有变化的形态、竖向错落的农业景观和外向式的山体景观是乡村主体特质，发展模式以艺术作为乡村发展内核，形成艺术表达型乡村；安全与便捷性、街巷景观和文化集会空间是乡村景观主体特质，乡村的发展模式以居住生活作为发展内核，形成居住民宿型乡村；山体景观、水体景观和植物景观共同形成侧重于自然生境的主体特质，发展模式以生态作为发展内核形成生态康养型乡村；乡村景观主体特质是民居景观、文化集会空间以及非物质文化，发展模式则以乡村文化作为发展内核，形成文化感知型乡村。

7. 规划设计的实施

特质是乡村景观发展的内核或者称之为内在动力和源泉，规划设计则是乡村景观发展的工具和方法，这种方法把乡村的内核传承、发展、创新、蜕变成为一张布满乡村个性气质的网。乡村规划设计环节具体分为3个方面：①乡村景观发展的群体规划；②乡村景观发展的个体规划；③针对空间和要素的乡村景观设计。这3个方面循序渐进、相辅相成，群体规划是基础，在此基础上进行每个乡村的个体规划，进而针对具体的空间和要素进行景观设计。3个方面虽然前后顺序和侧重点不同，但都是以乡村的特质为规划设计的基准。

（1）乡村群体规划。以乡村群的地域特色为本源，确定发展目标和理念，建立合理的景观格局，节约土地、水等资源，规划多样功能空间，增强乡村群吸引力，改善村民生活，统一配建适宜的公共服务设施和基础设施，合理布局规划的产业形态，促进乡村群社会经济的协调发展。

鲁中山区乡村群规划主要的研究内容包括：针对鲁中山区特点，合并分散的自然个体乡村进行统一规划布局，确定乡村的人口自然增长、发展用地和定位，制定不同期限的规划目标和布局，以乡村群的地域特色结合个体乡村的属性以及当地产业特点和村民需求统一进行功能分区、景观分区、空间结构、空间定位、道路规划、建筑布局、产业布局、植物规划、公共设施和基础设施规划。保护重要的乡村景观地域特征，提高村民生活质量，吸引外出村民回到家乡，增强乡村吸引力，吸引人们来到乡村体验休闲，通过合理的产业规划提高乡村群的经济水平和增加就业机会。同时农业用地布局距离村民居住点符合“有利生产、方便生活”的原则，一般在平原地区其耕作半径约在1.5km以内，山区宜在2.5km以内。

(2) 乡村个体规划。鲁中山区乡村个体规划是在对鲁中山区乡村群规划下编制的，通过个体乡村景观特质确定乡村主体功能及功能定位，进而确定个体乡村的功能分区和产业发展用地，确定建筑的建设分类和功能分类，以及建筑布局和建筑风格，规划简明合理的景观结构，确定道路的分级、宽度及线形，确定景观空间的位置、定位、形式和功能，确定基础设施的布置。实现鲁中山区乡村传统特色性与新时代特征的结合，体现乡村延续性，并提高乡村的经济文化社会的互促和谐发展。

(3) 乡村空间设计。鲁中山区的建设发展再进一步的工作就是对组成乡村的点、线、面进行空间设计，对植物、地形、土石等进行要素设计。

4.2 发展模式的类型研究

对艺术表达型、居住民宿型、种植观光型、生态康养型和文化感知型5种乡村景观发展模式类型进行主要特点、发展方法和典型乡村3个方面的分析研究，倡导突出主体功能前提下实现乡村综合功能。

4.2.1 艺术表达型乡村景观

1. 艺术表达型乡村景观的主要特点

艺术表达型乡村是指本身基础较好的乡村使用艺术手段提升乡村魅力和产业价值，主动吸引艺术家前来自发进行艺术创作和乡村改造。

(1) 地形地貌丰富。地形起伏变化较大，有着丰富的三远视景，可不同角度的仰视、俯视和平视，使人与山与村之间有不同尺度不同距离不同角度的感知。

(2) 自然生境良好。自然是孕育艺术最好的场地和源泉，万物的生长随时间随天气随位置而千变万化又和谐美好，人在如此的自然环境中更易于爆发许多的灵感创意，净化心灵，愉悦身心。

(3) 农业景观良好。乡村的经济来源主要是农业，没有农业何为乡村。所以乡村的艺术化也必然要求农业场地的特色性或农作物资源的特色性。

(4) 居住生活景观氛围良好。生活是获取艺术的来源，乡村的生活朴实无华，蕴含着中国博大精深的农业文明和智慧，民居建筑的形式和营建、街巷的曲折沧桑、晒太阳闲聊的村民生活等都是生动的生活场景和历史印记。

2. 艺术表达型乡村景观的发展方法

艺术表达型乡村以艺术活动作为主体功能，满足艺术展览、艺术写生创作、艺术家设计室、艺术游学等多种艺术功能，以此为基点融合衣、食、住、行、游实现乡村综合功能。艺术表达型乡村以营造乡村美术馆为设计理念，乡村美术馆并非某一栋美术馆建筑，而是整个村便是美术馆：民居是展场、稻田是画布、农夫是艺术家、农产品是艺术品。以

“农村美术馆”概念整合艺术介入乡村营造各方面的实践，艺术广泛地介入到居民生活、公共空间乃至自然生境，以艺术作为沟通媒介促使村民参与互动，使人们透过艺术引导关怀生活，关注农村的美，促使当地居民重新认识家乡，重塑认同感与凝聚力，把“农”的价值突显出来。共构乡村的文化认同，形成艺术产业的地域品牌和平台，实现乡村环境的改善、经济的良性开端以及乡村社会的归属感塑造，是艺术与乡村合作的一种乡村景观发展模式，持续迈向乡村新艺术之路。具体体现在：通过艺术改造民居庭院、主街巷道和节点空间，促进乡土艺术与当代艺术沟通，呈现多样化的乡村景观新貌，比如，村中寻找闲置民居进行再利用，这些民居的大小形态各异，留存有农村生活记忆，空间布局具有随机性，为艺术展带来了灵活发挥、组合变换的创新空间。艺术展或艺术家工作室对民居的再利用一方面将“负面资源”转换为“正面资源”，保留了农村生活的建筑机理；另一方面赋予负面空间新的内容，增加了其使用价值和艺术价值。

邀请艺术家与当地村民共同创作，结合农村生活中人们熟悉的符号、元素等，通过空间营造的形式转化表达出来具有地方风格的艺术。展演方式包括影像记录、书法、肢体舞蹈、雕塑、油画及装置等多种艺术形式。除了带来感官上的丰富体验之外，更引领参访者思考与重新定位农村与农民生活，摆脱怀旧乡愁的定势思维，体验农村新生活，收获启发与感动。

通过艺术装置等形式结合山地地貌构成大型艺术景观区，丰富地方美学，在打造的过程以最低限度介入的方式和山体水系融为一体，呈现自然野趣中的艺术景观。

通过艺术打造农业产品的后续开发，艺术创作与经营形成创意文化产业，并带动地方相关产业发展。

将梯田景观改造成田园艺术景观区，将艺术贯穿于田园之间，梯田中带状道路作为艺术长廊，道路两侧零散分布着艺术品展示墙，打破了道路单一呆板的形象，田间穿插着大大小小公共空间空地，满足人们驻足观景，并且为艺术人群提供了艺术创作空间。

鲁中山区乡村多是带状的格局形态，呈现内凹式布局的乡村多在视线汇集处做重要的艺术空间展示，呈现外凸式布局的乡村多在视野开阔处设置艺术家和村民的观景创作平台。

3. 典型适宜乡村

通过乡村群的特质评价和现场调研分析得出类似花甲峪村类型的乡村最适合发展艺术感知型乡村。这类乡村的典型特征可以概括为基址具备一定的艺术基底；空间格局以外凸式形态为主，具备良好的开阔视野；地形上变化丰富，延绵曲折，形成丰富的空间艺术界面；民居与梯田布局错落有致、相映成趣，极具艺术感染力，创造了多样的休闲空间和行走体验；街巷串联公共空间和民居庭院空间，立面的起伏与平面的曲折交映结合，起承转折之间留下无限艺术创作空间。另外，往往遗留荒废的民居数量较多，为艺术感知型乡村的创造提供了可能。

4.2.2　居住民宿型乡村景观

1. 居住民宿型乡村景观的主要特点

居住民宿型乡村是指以服务住民居住和生活综合功能的乡村（教育、医疗、儿童游乐、健身、居住、活动空间等）。分布于交通走廊或者通往镇驻地交通干线上，和外部城市主干道保持适当的距离，一般以步行20～30min的距离为宜。作为综合功能的中心村和其他村落大约步行15min的距离，在1200～2000m之间。

乡村的地形较平坦，主街的线形和坡度简洁且平缓。乡村空间紧凑，以内聚式空间为主，便于综合功能的使用和人流的集中。特质评价较高，具备良好的民居建筑、街巷景观和文化集会空间，具备较好的自然生境基础。

2. *居住民宿型乡村景观的发展方法*

居住民宿型乡村以住民的居住生活作为主体功能，融合衣、食、住、行、游实现乡村综合功能。充分利用乡村的地理区位优势、良好的居住生活底蕴和自然生境基础，使居住生活型乡村景观发展成为乡村群的中心村，综合考虑乡村群的空间布局和发展定位，对乡村的教育、图书馆、娱乐、休闲、医疗、民俗、商业等方面进行合理化的功能布局和景观布局，强化基础设施建设使乡村景观发展成为乡村群的居住生活服务中心（中心村），同时充分发挥居住生活功能综合的优势，发展民宿产业，在原有民居和庭院的基础上进行空间的开放性、形式的和功能的拓展性设计。具体体现在以下几方面：

（1）改善村民居住空间的功能布局、环境条件和公共设施等。

（2）增强完善作为中心村应具备的教育、医疗、卫生、休闲、娱乐、健身、文化等公共服务功能，以及民居整治、道路硬化等基础设施条件。

（3）充分挖掘乡村本土资源和人文内涵，在满足中心村具备的基本功能外因地制宜的发展乡村民宿产业。

（4）尊重当地传统的布局形式和山水空间，顺应自然，因地制宜。

（5）保护自然环境，突出山区乡村地形地貌为基底的地域特色。

（6）围墙多采用石质、木质、砖砌或植物材料，可采用镂空造型或进行图案设计形成开放、半开放或封闭式空间，丰富围墙景观样式，加强空间景深、满足人们对不同空间的需求。

（7）注重乡土性景观意象的表达，乡村应具有明显的可识别性形成明确的民宿景观意象风格。

（8）多选择具有良好寓意的植物树种，如竹子代表清高、雪松代表长寿、红枫代表不畏艰难困苦等。

此外，庭院是居住民宿型乡村最基本的单元，鲁中山区乡村庭院属农舍型，乡村农业文化更是根深蒂固，在民宿庭院中加入农业文化因素，再现农耕场景，反映乡村农业文化内涵，能够更好地满足游客亲近自然回归田园生活的感受。

鲁中山区乡村环境气候舒适、空气宜人、坡度较缓，适宜营造多样的运动项目，健身步道、自行车休闲健身道以及其他健身场所，满足人们休闲居住和运动健身的需求。

3. *典型适宜乡村*

通过乡村群的特质评价和现场调研分析得出类似老峪村类型的乡村最适合发展居住民宿型乡村。这类乡村的典型特征可以概括为生活便利优势突出，安全与交通便捷度高，对外交通联系方便；乡村地形相对较为平坦，以满足于不同类型人群居住和活动需求，便于教育、医疗、起居等综合功能的实现；居住氛围浓厚，民居庭院和集会文化广场空间丰富；街巷景观以创造轻松舒适的邻里交流为目的，倡导和谐生活；民居布局形态多呈现出组团式布局，便于丰富的公共活动开展以及区域性便捷服务，促进不同景观类型的民宿区设置。

4.2.3 种植观光型乡村景观

1. 种植观光型乡村景观的主要特点

目前鲁中山区乡村的经济来源主要依托农业，但大面积集中式农田稀少，坡度较大的地形给机械化的耕作又带来困难，山区土壤的贫瘠和水资源的不充裕也给农业的创收带来严重的阻碍，农业的收益微薄。而山区良好的气候为发展观光农业提供了良好的基础条件，鲁中山区乡村在现有梯田种植基础上发展观光农业等相关产业。乡村农业资源丰富，其区域位置和交通状况较好；农业用地面积较大且集中；拥有量大分散的小型空地，处处有农业；拥有较为丰富的历史遗留的和农业有关的设施和技术。

2. 种植观光型乡村景观的发展方法

打造鲁中山区乡村梯田种植特色景观，以乡村种植农业作为载体，利用种植农业生产经营活动发展观光农业，呈现出多样的景观：农田果林的乡土景观，农业生产的设施景观，民俗民风的人文景观等。结合种植景观和农业生产活动为人们提供多样丰富的活动。

在原有农田基础上适度扩大农田地块面积用以发展乡村农业景观，从景观美学的角度而言，每个田块尺寸适量扩大也不会影响其主要机理。

保持一定数量的作物种类，鼓励在农田中间杂其他的种类种植，吸取传统农业的作物轮作、混作、间作、立体农业经验，通过循环种养，达到维护土地肥力和保护乡村景观兼顾的作用。

立足于山区梯田种植特色产业，扩展特色农产品的种植，提升农产品质量与产值，从而形成具备本土优势的农业资源，扩大农产品产业链，塑造当地农产品品牌效应。

打造梯田种植景观，从经济效益性和景观性上综合考虑农作物的种植种类和方式，促进农业经济和景观效益的发展，同时可以为生物提供生境和廊道。

以梯田种植景观为主，发展休闲、观光或体验式的农业产业，建立农业生态园、采摘园、休闲度假农场等多种模式的休闲体验式农业，由单纯的经济功能推向经济、教育、游憩、娱乐、社会等多种功能的发展。

推动农业的生态化开发，发挥天然绿色无污染的农业优势，满足人们对于绿色有机农业和无公害食品的需求。

依据当地村民的具体情况和出于乡村产业发展的考虑，对不同的生产性景观分区采取不同的作物种植方式，以达到不同的景观效果，强化生产过程的生态性、趣味性、艺术性。

将农事节庆文化渗入乡村景观发展，并且通过古代农具的展览、农活作坊结合古树、老井、瓜棚等乡村要素生动、鲜活地展示独特的鲁中山区农耕文化。

种植观光型乡村作物以果树为主，果树不仅具有很高的景观价值，还有其丰富的文化内涵，如象征着“吉祥如意、多子多福”的石榴，“领袖众芳”的桃李，比喻人的清高、坚贞和意志的橘、梅，“梨花一枝春带雨”美中略带忧伤的梨花，“梅花香自苦寒来”的梅花。

一些山区的梯田可以作为重要的历史文化遗产和景观胜地加以保护保留，严禁盲目开垦耕地林地，保护与逐步恢复村落生产性景观的历史风貌。

3. 典型适宜乡村

通过乡村群的特质评价和现场调研分析得出类似后岭子村类型的乡村最适合发展种植观光型乡村。这类乡村的典型特征可以概括为：空间布局有大片集中耕地与村落紧密结合，农业生产及果蔬种植可以便捷高效的展开；街巷尺度相对开敞，便于农作运输与仓储；村民具有悠久精湛的种植技术，精于耕作，热爱种植，生产技术及农具兼具生产和景观的功能；民居密度相对舒缓，宅前屋后往往都配有园地，种植瓜果蔬菜等农作，这种散点式农业景观与集中式耕地相得益彰，农业氛围凸显。

4.2.4 文化感知型乡村景观发展模式

1. 文化感知型乡村景观的主要特点

乡村文化景观是乡村独特地理环境和深厚历史积淀的反映，其特点体现在生活、生产和生态环境等物质空间上。精神文化型乡村景观包含丰富的物质形态和非物质形态。

乡村的特质评价高，要求乡村具备良好的居住生活景观、自然生境景观、农业生产景观等物质形态以及优秀的非物质文化形态。

民居及庭院、集会文化广场、街巷景观是乡村物质文化景观的典型代表，与人们的生活保持最直接紧密的联系从而激发美感。

农业生产过程中形成的梯田和农业生产方式体现了乡村地域传统生产特色，是特定地域农耕文化的典型代表，是乡村地域农耕文明和农业生产的直接反映，是乡村文化景观的底色。

具备优秀的乡村非物质文化。非物质文化是灵魂，乡村在生产生活方式、精神信仰、风俗习惯、文化娱乐、历史记录等方面文化突出。

2. 文化感知型乡村景观的发展方法

文化感知型乡村在保护修复基础上合理安排文化体验活动，并融合衣、食、住、行、游实现乡村综合功能。强化突出乡村的精神文化特质，并以文化特质为乡村景观发展内核，开创文化产业，对文化进行更好地传播，突出乡村特色，同时促进乡村经济发展。创新乡贤文化，树立鲜明的道德导向和价值标杆；建设良好家风、家训，以家风家训带动村风民风建设。具体体现在以下几个方面：

(1) 区域禁止新建或扩建建筑，保护修复为主，对于材料、色彩、高度、体量方面要延续传统风貌，限制人类的活动内容，在保护基础上开展适量的文化体验活动。

(2) 展示利用的发展方法。文化感知型乡村因具有特殊的生活习俗、民间文化等人文特色，在发展过程中可以采用展示利用的策略，通过集市、庙会等传统活动展示乡村的人文景观，增加乡村的文化内涵；利用民俗展览、家庭餐厅等形式展示乡村的传统生活场景和生活方式，从而保护并延续当地的历史文化资源，充分展现传统民俗文化。

(3) 保护和更新有机结合的发展方法。坚持“有机生长”的动态保护理念，在文化感知型乡村景观发展中要处理好保护和更新的关系。对于有特色并且保存较好的传统建筑进行保留，结合村落的居住文化进行合理利用，让“保护”成为现代人生活的一部分，使乡村真正的“活起来”，从而实现乡村的有机更新。以历史为立足点，满足现在人们的功能需求，就地取材，将历史文化融入其中营造乡村文化氛围。

(4) 保障传承延续的发展方法。将非物质文化遗产的保护与乡村的文化建设以及教育相结合，定期举办活动，调动村民和师生对于民俗文化活动的主动和热情，唤醒人们对于乡村传统文化的认同感，让更多的后辈投身非物质文化遗产的传承延续中。

(5) 利用乡村文化要素创建新型业态。依托乡村丰富的传统节庆等民俗资源举办各种文化活动，或者通过建立传统手工艺体验场所展示民间工艺细致精巧的制作过程，体验其中蕴含的工匠精神，从而吸引更多的人到乡村领略中国传统文化的魅力。

(6) 制定基于文化内涵特征的空间规划。保护完善传统村落中村民的生活方式、邻里关系的物质载体，如合院、街巷等。再现和发扬商贸性文化空间，增强村落的知名度，重塑村民自豪感。提炼、还原村落的祠堂、古庙、古树旁等空间，这是承载村落传统历史文化、宗教信仰、风俗节庆、礼仪秩序、典章制度等的文化性空间，其形态的变化反映出该地区文化发展的过程，也映射出社会状况变迁、思想价值观念变化等深层内涵。

3. 典型适宜乡村

通过乡村群的特质评价和现场调研分析得出类似花园岭村类型的乡村最适合发展文化感知型乡村。这类乡村的典型特征可以概括为：文化底蕴浓厚，历史传承悠久，非物质文化评价值较高；村民的道德情感、社会心理、风俗习惯、行为方式和理想追求等精神文化卓越；具有代表性的民间戏曲、民间庙会、传统节日和习俗；乡村生活氛围浓厚，体现在村民的乡村情怀，古树信仰、聚集畅聊、打水磨面和节日庆祝等方面；村民具有较高的文化自信，热爱家乡，深受深厚的乡村文化影响，倡导谦恭礼让的“君子不争”“热情待人”的理念；存留至今的老建筑和街巷空间保存相对完整，与自然环境协调共生，体现着千百年来传承不变的乡村精神文化。

4.2.5　生态康养型乡村景观发展模式

1. 生态康养型乡村景观的主要特点

生态康养型乡村具备良好的养生资源，养生景观资源主要有空气资源、气候资源、山林资源、水资源、养生文化遗迹资源和养生民俗资源6类（邱云美，2015）。其中空气资源、山林资源占据最大比重。山区乡村空气新鲜，农产品质量好，山林资源丰富，森林覆盖率高，山地小气候明显，气候宜人舒适，是气候养生、避暑度假的适宜地区，同时具有民风古朴，民居文化浓厚、文物古迹等文化养生资源。

2. 生态康养型乡村景观的发展方法

生态康养型乡村以养生养老作为主体功能，在保护自然基础上合理设计各种主题的养生养老空间，并以此为基点融合衣、食、住、行、游实现乡村综合功能。优化强化乡村的养生养老特色和乡村生态环境，以满足延年益寿、强身健体、修身养性、医疗、保健、生活方式体验、养生文化体验的养生需求。生态环境是养生发展的本底资源。实现山、水、食物等养生资源与农业、民俗、餐饮等相融合，延长养生产业链，产生经济价值。

空间布局上，乡村养生要加强与城市、景区的融合，把乡村养生有效组织到周边城市和景区当中。

充分挖掘乡村地区优质水体、清新空气、绿色食品、养生药材的养生景观资源，开发文养、药养、体养、水养、食养、境养、心养等丰富的乡村养生项目。

确定鲜明的养生主题，结合乡村地区的养生文脉和民俗特色，规划融文化体验、自然观赏、情境游乐、民俗娱乐、养生休闲等系列养生，围绕养生主题，把游览、娱乐、休闲项目与养生住宿、养生餐饮、养生购物、养生商品等进行有机结合，形成本土化、娱乐化和具有地方特色的全方位养生。

理解、尊重老年人，重视其生理心理特点。生态康养的主要使用人群是老年人，在设计中应坚持以老年人为本，考虑到养生的其他年龄层次人群。重视老年人身心发展，突出适老化设计，满足其对声音、光影、无障碍设计等特殊需求。同时，设置利于老年人交往与文体活动的场所，区域之间形成流线畅通的交通系统方便老年人活动出行，提高使用频率和可达性。

通过传承地域文化形成地方特色浓郁、文化体验丰富的养生养老环境，唤起老人的乡土情结，体现自然资源的疗养优势，与老年人生活方式契合。

适宜的气候和自然环境更加有利于老年人养生，尊重区域自然生态，维持田园自然景观整体性，坚持生态优先，可持续发展，维护人与自然和谐共生。在保护自然的基础上合理设计与人有关的养生养老为主的综合功能活动，创造一个老有所为、老有所学、老有所乐的养老环境。

3. 典型适宜乡村

通过乡村群的特质评价和现场调研分析得出类似花金箐村类型的乡村最适合发展生态康养型乡村。这类乡村的典型特征可以概括为：基址地理环境优越；具备良好的山水生态条件；小气候健康清新；空间布局结构以组团式为主，形成不同的生态群落，溶解于山水之间；民居、街巷、集会空间等注重空间的生态营造，以获得最佳的康养效果；具有舒适的温度、适宜的日光、较佳的地磁强度、丰富的远红外线、优质的天然水、特色的山林植物资源、高负氧离子含量的空气、土壤环境中含量丰富而健康的符合人体需要的微量元素等优质环境因子。

第5章 规划设计研究

将鲁中山区乡村景观特质与模式的研究理论应用于山区乡村景观规划设计实践，探讨乡村景观规划设计科学方法，检验理论的可行性，对相似地域的乡村规划设计具有一定的示范和指导作用。以提出的鲁中山区乡村景观发展模式的实施路线图为依据，确定个性特质和发展模式之后进入乡村景观规划设计阶段，老峪乡村群作为案例之一进行了前期个性特质评价的相关分析。所以，基于研究的完整性和系统性，选择老峪乡村群为实例对乡村景观规划设计方法进行研究。

5.1 群体规划

老峪村、花家峪村、花园领村、花金箐村和后岭子村因其地理位置相近和地域特性相似而将其归为一个乡村群，乡村群规划面积共计 5000 亩，其中耕地面积 610 亩，符合规划情况的建设用地约 362.7 亩。为了表述的简洁，“老峪村、花家峪村、花园领村、花金箐村和后岭子村乡村群”简化为“老峪乡村群”。在济南近郊山区的《历史资源及保护规划》《生态资源及保护规划》的布局中，老峪乡村群属于济南市近郊山区的自然保护休闲区范围内。

5.1.1 规划依据

1. SWOT 分析

（1）优势（S）。

1）绝佳的区位优势。乡村群位于济南市区东南侧，距离市中区仅 24km，且毗邻绕城高速、济莱高速公路以及 248 省道、327 省道，对内、对外交通便利，为未来成为多元化的乡村景观群提供了良好基础。

2）得天独厚的地形条件。乡村群位于济南西营镇，与泰山一脉相承，三面环山，沟壑纵横，风景秀丽，充裕着清新的山野情趣，与大城市中拥挤的环境、喧嚣的生活形成鲜明的对比，为乡村发展提供了优越的自然生境。

3）丰富的乡土植被。乡村群地处济南南部山区，森林植被丰富，以野趣原生林为主，兼有人造经济林，侧柏、刺槐、核桃树、花椒树、杏树等为未来景观规划及特色功能规划提供了原生基础条件。

4）独特的建筑风格。乡村群有两百多年的历史，利用自身山石资源，形成了独特的“老瓦、老石、老窗”的浓厚农耕文明印记的建筑风格，给人一种石居山野的传统意境美，为以后构建多元化的乡村景观群提供了丰富的建筑要素和乡村情怀。

(2) 劣势(W)。由于采矿工程,造成该地区部分山体破损严重。植被季相单一,植物多样性差,缺少季节上的色彩变化。水资源短缺,自然水体较缺乏。对外交通差,只有一条山路通往乡村群,村与村之间只有一条水泥路相连,在各个自然村里,几乎没有完整的路,宽不足2m,最窄仅有0.5m。历经时间积淀,建筑风格建筑质量参差不齐,总体情况较差。现状居民以种植小麦、玉米为经济来源,无主导产业,经济产业缺乏,居民收入低,积极性差。

(3) 机遇(O)。在社会主义新农村、美丽乡村、乡村振兴的国家战略政策背景下,乡村建设展开迅速,乡村景观为乡村发展注入强大的动力。乡村景观助推产业兴旺、生态宜居、乡风文明和生活富裕。

(4) 挑战(T)。分析乡村群周边同类型景观资源,突出老峪乡村群的优势地位。

5h的车程距离内,老峪乡村群与周边景观相似的乡村有井塘古村、翼云石头部落和朱家峪村。井塘古村以观光、文化体验为主,历史悠久,文化底蕴深厚,原生态景观资源保存完整,距离市区较远,休闲度假与养生项目缺乏,仅有单一的休闲观光,现状景观资源开发不足。翼云石头部落以观光、文化体验、休闲度假景观为主,资源丰富,多个景区形成景观带,集群优势明显,原生态景点缺乏,景区商业气息过重,缺乏度假养生项目。朱家裕村以观光、文化体验为主,区位优势明显,文化底蕴深厚,名胜古迹众多,自然环境优越、景观丰富缺乏度假体验、养生项目,仅单一休闲观光项目。

1h车程距离内,具有景观资源的济南市的景点很多,有趵突泉、千佛山、大明湖公园等(表5.1)。

表5.1　　1h车程距离内济南市景点资源

景点	大明湖公园	趵突泉	五龙潭公园	黑虎泉	千佛山	卧虎山	金象山	灵岩寺	卧龙峪	四门塔	药乡森林公园
景点资源	大明湖,秋柳园,龙泉池,雪松林	趵突泉群,观澜亭,胜景坊,三圣殿,龟石	五龙潭泉群,七十三泉,潭西泉	黑虎泉群,双虎雕塑	万佛洞,千佛崖,观音园,黔娄洞,兴国禅寺	滑雪场,卧虎山公园,水库	金象山乐园	辟支塔,千佛殿,墓塔林	龙凤谷,麒麟谷,森林浴场,青龙潭	龙虎塔,九顶塔,墓塔林,摩崖造像等	落叶归根,龙门溪鸣,神泉,东方琉璃如来,伏虎罗汉

2. 政策法规

政策法规包括《村庄和集镇规划建设管理条例》《中华人民共和国城乡规划法》《乡村建设规划许可实施意见》《美丽乡村建设指南》《全国生态保护与建设规划》《全国城市生态保护与建设规划》《山东省城市公共绿地详细规划技术规定》《济南市海绵城市绿地设计导则》《济南市山体公园设计导则》。

3. GIS分析

利用GIS对老峪乡村群进行高程、坡度、坡向及汇水线分析(图5.1),得到场地的地形地貌及场地适宜建设的用地范围,为乡村规划提供依据。乡村以山地地形为主,整体地势海拔较低,地表起伏较大,场地内三面环山,中部有3条谷地串联村庄。

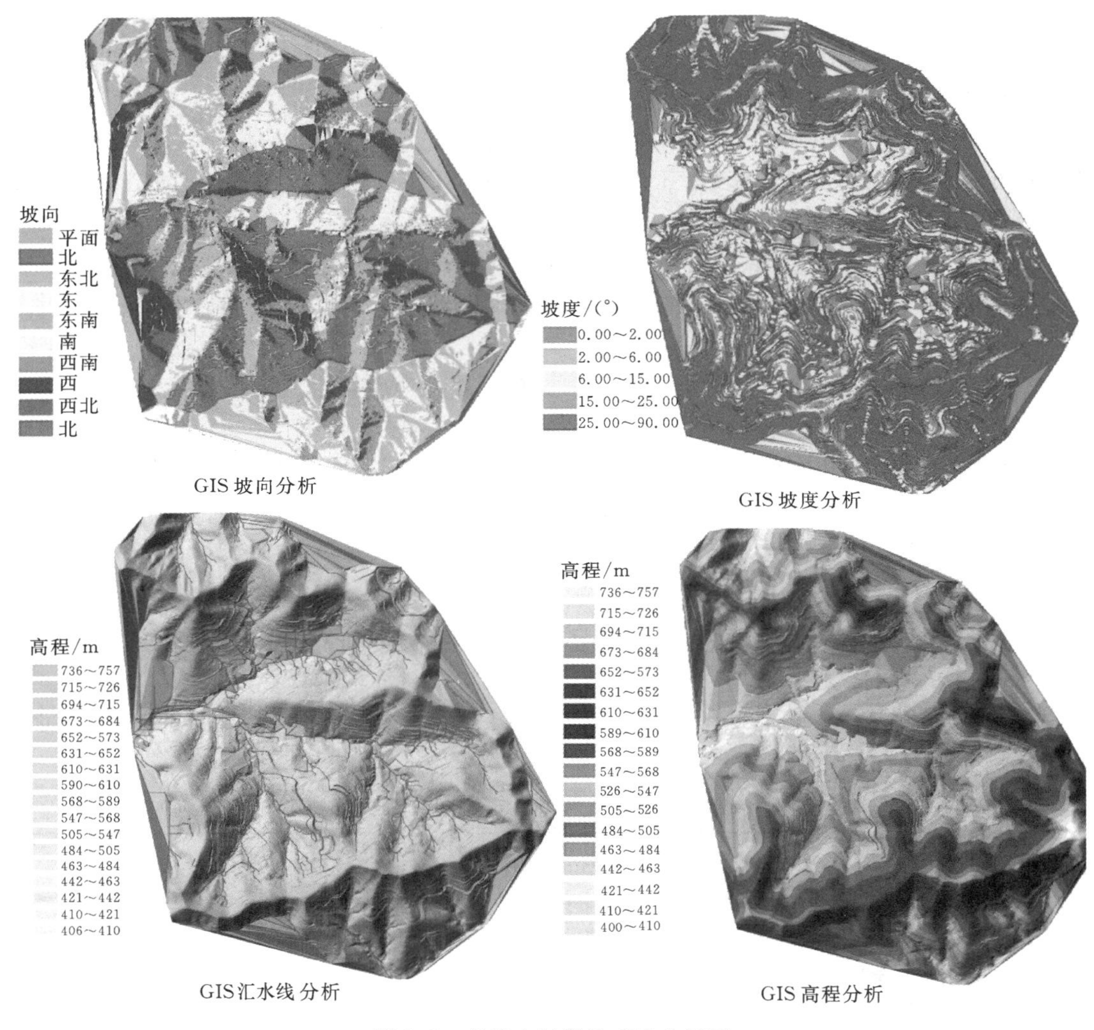

图 5.1　老峪乡村群的 GIS 分析图

5.1.2　规划构思

1. 规划理念

以乡村群为宏观发展对象，整合群体优势资源；以乡村个体为微观发展对象，强化个体特色资源；以乡村个性特质和共性特质为发展内核，并以内核为源泉；以形象更新为形式重点；以乡村感知要素为空间重点；以空间再利用为功能重点；以原住民（村民）和新住民（短期居住、长期居住）为服务对象；以景观特质-主体功能-发展方向为发展路线；塑造一村一特质一主体功能的乡村景观，并发展综合功能和多元产业，建设基础设施，加快经济发展，改善人居环境，提高生活质量，创造具有时代特征又联系历史和未来的形式和功能多元化的乡村景观群，实现乡村经济、文化、生态的可持续化发展。

2. 规划目标

展现鲁中山区地域化景观，同时突出老峪村、花园岭村、花金箐村、后岭子村和花甲峪村的景观个性特质和主体功能，适合于原住民和新住民使用的形式和功能多元化的乡村空间，在原有乡村景观基础上继承创新发展形成多样化乡村景观群，达到乡村群的经济、生活、生产、生态、文化、社会的共促和谐发展（图 5.2）。

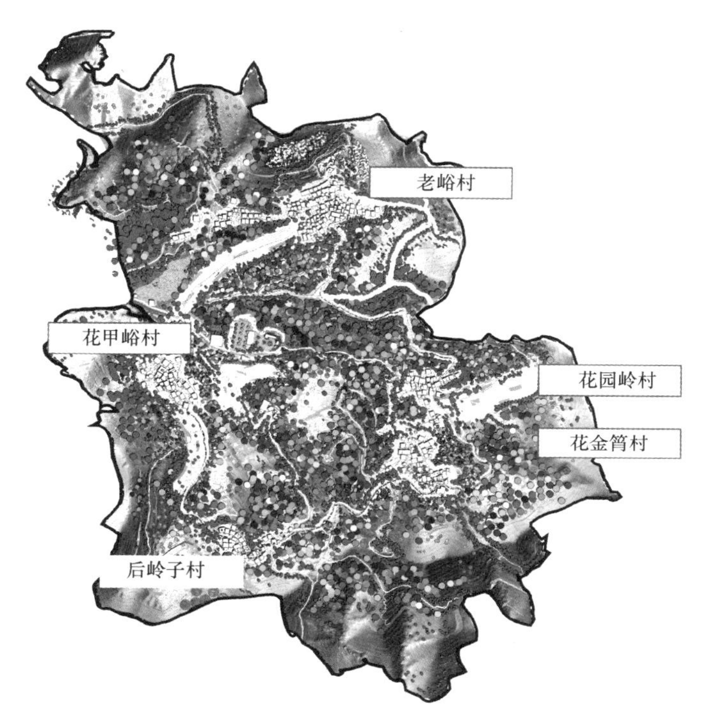

图 5.2 老峪乡村群总平面图

恢复强化山区自然生态要素，展现人与自然相互协调的关系，乡村之间有机和谐的联系；整合土地资源，建立公共空间，为村民提供娱乐活动场所，提高村民精神文化生活；强化乡村巷道的乡村情怀＋空间体验＋线性引导的综合作用；体现时代特征，突出山区乡村聚落地方特色；强化民居的点线面的形象和功能；依据各个乡村的特质发展适合的有吸引力的产业，提高村民的生活水平，吸引在外务工人员，实现乡村的活化。

5.1.3 规划布局

老峪乡村群规划用地主要为园地、林地、自然保留地、旱地、农村居民建设用地及允许建设区等，村庄符合规划的建设用地面积共 362.7 亩，村庄内公共设施用地较少，缺少必要的商业金融用地，村庄建设用地外围主要为山体及农田。

1. 总体布局

对老峪乡村群的发展是以乡村景观特质为核心，通过控制分散的宅基地，整合空间，逐步完善满足村民生活所必须的配套服务设施，发展养生养老项目（花金箐村）、农业项目（后岭子村）、乡村文化项目（花园岭村）、艺术乡村项目（花甲峪村）、服务项目（老峪村）形成各具吸引力的特色乡村（图5.3）。

由于鲁中山区乡村聚落以低山为主的地形居多，中心村的选择一般地势比较平坦，可以辐射到山上多个自然村，交通比较便捷。中心村的服务功能和基础设施相对完善，强化中心村的聚居特征和时代气息，还要与其他自然村相协调。通过乡村之间的相互影响从而带动整个山区乡村群的建设与发展，对老峪乡村群进行乡村特质的分析，老峪村是最适合定位中心村。因为与其他乡村相比较，老峪村和外部城市主干道的距离适当，与其他乡村的距离适当，地形较平坦，尤其是主街的线形和坡度简洁和平缓，乡村空间紧凑且以内聚式空间为主，便于综合功能的实现和人流的集中。其他4个乡村根据自身景观特质形成不同特色村。

2. 建设控制规划

基于保护与发展的前提，建设控制分为禁建区、限建区、适建区（图5.4）。

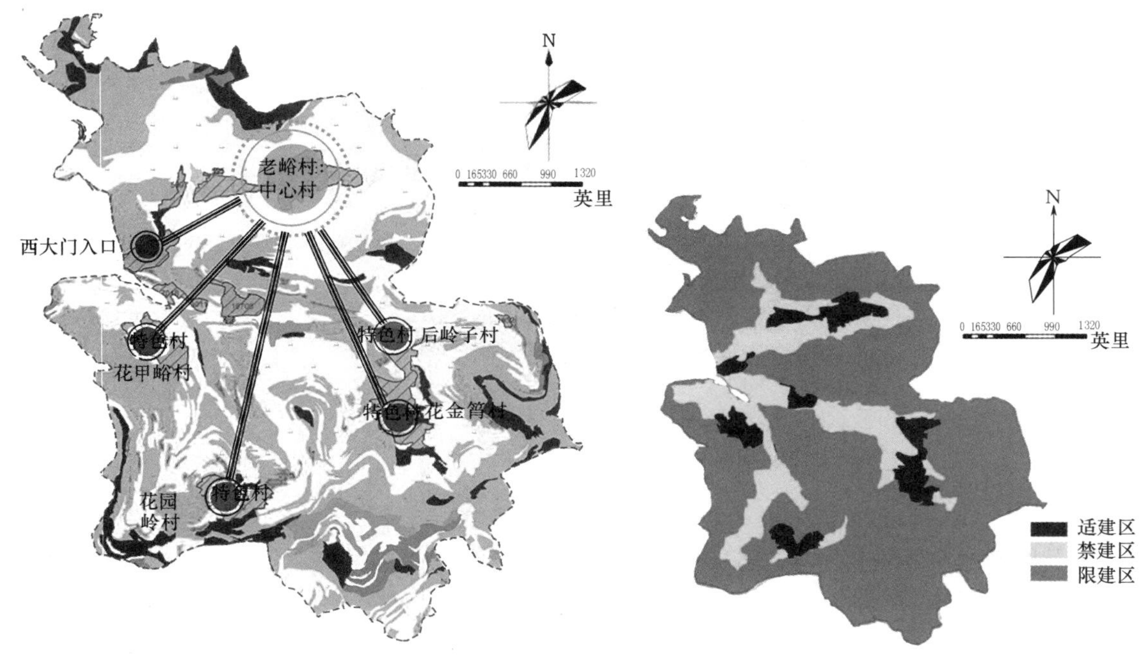

图5.3　总体布局图　　　　图5.4　建设控制规划图

规划将基本农田、生态农业控制区、高压走廊及坡度大于25%的山体为禁建区。禁止农房建设和永久建筑的建设。原则上不得占用基本农田发展果林业。禁止在基本农田建房或擅自挖沙、采石、取土等。

规划将坡度介于15%～25%的山体及其他山体保护区、工程地质中度控制建设区、生态农业观光区、种植养殖区、林业发展区等范围划为限建区。在限建区不再新增建设用地，努力减少现有的建设用地。优化农业景观，积极开展土地整理等工作。

将村民聚居点等建设用地及可作为建设发展的引导区划为适建区。根据规划改造旧村庄，调整建设布局，集约更多用地用于公共服务设施建设。适建区内要保持历史环境要素的传统风貌，对新建的建筑物和构筑物的使用性质、高度、体量、色彩、材料要严格控制，新建建筑及空间，其结构、材料、外观、形式、装饰，需传承传统乡村民居，充分考虑与传统乡村整体风貌相协调。

3. 布局结构

规划老峪乡村群形成三区、一环、三轴、一中心村，四特色村的布局结构（图 5.5），乡村群未来产业发展和居民点景观建设依托区域内的主要道路和现有核心展开。

三区是针对山体景观而言，包含两个外围山体生态保育区和一个乡村环绕内部的山体休闲区。保护老峪周边的生态环境，建设山体生态保育区加以控制。而山体休闲区也要进行山体的生态保育，在此基础上合理设置游览步道。

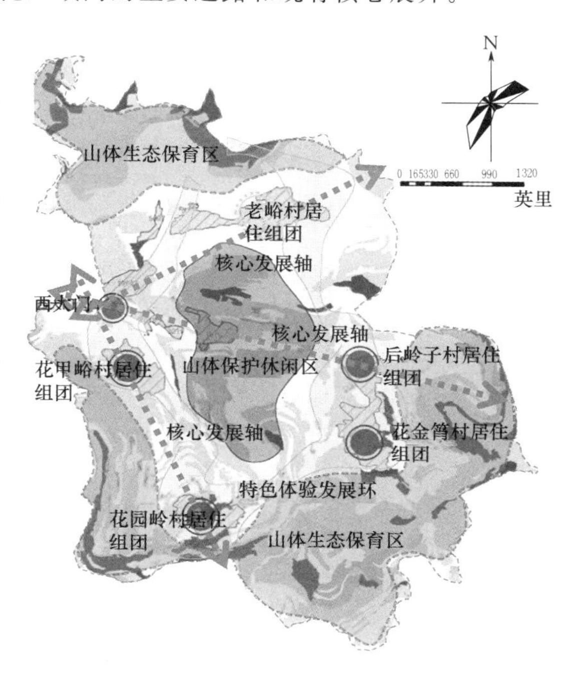

图 5.5 布局结构图

一环是特色体验发展环，特色体验发展环围绕老峪中心村的外围，依托西大门入口，开展农业观光、蔬果采摘、观赏花田以及特色民居养生等项目，结合相关服务区配套设施，以花甲峪村、花园岭村、后岭子村和花金箐为核心建设特色体验发展环，开发文化、休闲、艺术、康体养生产业。

三轴是从西入口大门到老峪村之间、西入口大门到后岭子村之间、西入口大门到花甲峪村之间共形成 3 条核心发展轴，以此为发展核心，引领带动其他地块的发展。

一中心村是老峪村，为整个乡村群的产业和村民的生活生产提供教育、医疗、儿童游乐、健身、居住、休闲、活动空间等功能。

四特色村分别是花甲峪村的艺术表达型乡村，提供与艺术相关的功能，如艺术展览、艺术写生、艺术创作、艺术家设计室、艺术游学等。后岭子村发展乡村集中和分散相结合的种植观光型乡村，既有规模化的农业景观也有房前屋后的花园式农业。花园岭村因其历史文化遗存比较集中，具有鲜明地域特色的民居庭院、集会文化空间、主街巷道、表演艺术、民俗活动、手工制品、饮食方言等发展为文化感知型乡村。花金箐因其良好的自然生境而发展为生态康养型乡村。

5.1.4 基础设施规划

1. 道路交通规划

道路建设主要以外围环路及上山路的修建为主，现状外围环路宽度在 1.5～5m 之间，路面以土路及水泥材质为主；现状上山路宽度为 4m，材质为水泥路面。通过对老峪村群外围环路及上山路进行新建、拓宽、改造和修缮，实现老峪村群道路的畅通

(图5.6)。村子内部道路可采用自然石块、卵石等材质铺设道路。广场铺装可采用自然块石、条石、卵石、石板等材料为主，局部可以结合木材，主要体现自然的乡村特色。

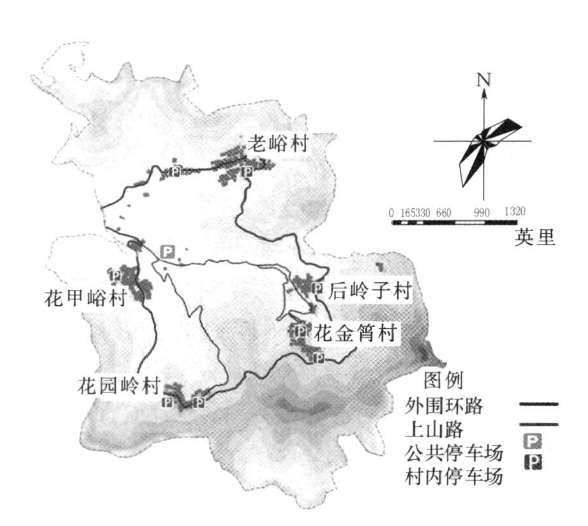

图5.6 道路交通规划图

规划外围环路(图5.7)，串联5个乡村，以现状环路为基础，对环路进行拓宽、改造和新建，规划道路宽5～6m，路面以水泥材质为主。丰富车行道两边绿化层次，可增加果木。

规划上山路(图5.8)，方便到达后岭子村、花金篑村、花甲峪村和花园岭村，以现状上山路为基础，对上山路进行修缮，道路宽4m，路面以水泥材质为主。根据道路走势和两侧地形进行植物景观改造，合理搭配植物，增强道路特色性。

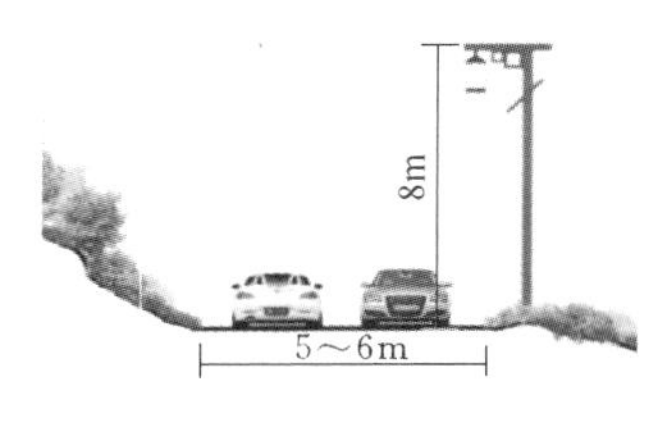

图5.7 老峪村群外围路

图5.8 老峪村群上山路

2. 市政给排水规划

依据GIS对汇水范围及汇水线的分析，考虑降雨蒸发、山体的分流汇集等因素，在村域范围内设计拦水坝、沉淀池，局部规划汇水旱溪，收集雨水蓄留回用。依据对现状居民饮用水的分析，结合老峪村群新建水井，考虑村域内地形地势条件及现状水窖的情况，以1.2户为单位，完善村内水窖系统，解决居民饮用水问题。

在区域范围内设置给水管线和排水管线，满足老峪村群的用水需求，构筑安全、优质的供水体系，解决生活生产污水的排放问题。沿给水管线设置多个蓄水池，储存水以缓解老峪乡村群季节性缺水的现状。

3. 市政电力系统规划

在负荷集中的位置设置变配电站，放射敷设至各用电建筑。

4. 环卫设施规划

垃圾收集点在各村村内均匀布置，收集点放置垃圾桶，服务半径不超过70m，生活垃圾应及时收集、清运，保持村庄整洁。各村村内各设置一处封闭式垃圾站，集中收集村内垃圾，增加垃圾转运设备，及时对垃圾进行转运处理。老峪村群规划建设两座公厕，其他4村各规划建设一座公厕，服务半径不超过200m，方便人们使用，不影响景观环境（图5.9）。

5. 公共服务设施规划

依据乡村的人口规模、用地和环境条件等，对乡村群内部的公共服务设施进行统一安排，在乡村群入口处统一设置标识系统及公共停车场（图5.10）。

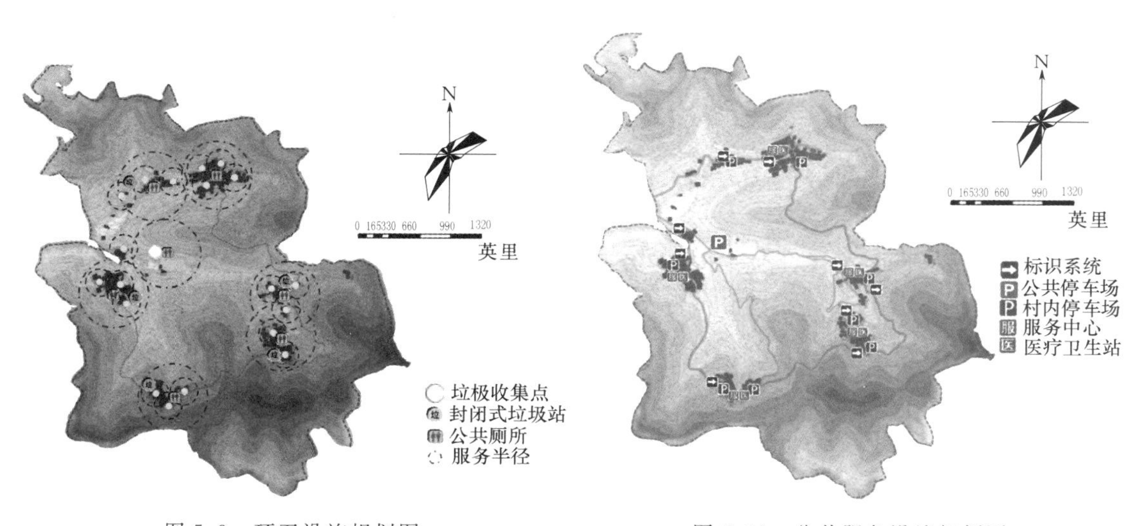

图5.9 环卫设施规划图

图5.10 公共服务设施规划图

5.1.5 民居建筑改造

1. 改造建筑分类

改造建筑分为3类：一类建筑、二类建筑和三类建筑（图5.11）。

图 5.11　改造建筑类型

一类建筑分为保护建筑和保留建筑。保护建筑类型一般是百年老建筑，原有风貌保持，结构加固，根据需要进行功能置换。乡村中有部分保存较好、结构较为稳定的干插式建筑，这类建筑通过适当整治景观环境就可以发挥建筑的作用，要进行保留。

二类建筑分为改善建筑和整饬建筑。改善建筑：20 世纪 80 年代左右房屋大多以条石砌筑，结构坚固，建筑风貌不需大改，少数屋顶换色，整治庭院景观。整饬建筑：20 世纪 90 年代房屋大多为砖混结构，瓷砖贴面，这类房屋主要整治建筑风貌，可对其墙面瓷砖进行附铁网，重新进行仿石压模装饰或以石材重新贴面，完善基础设施，规整院落。

三类建筑分为拆除建筑和重建建筑。少数牲口棚、彩钢板房等跟风貌格格不入的临建应该予以拆除。少量建筑年久失修，损坏较大，翻新成本高，应该予以拆除重建。

2. 传统民居特色梳理与元素提炼

对于体现民居特色的建筑元素如干插石墙、石木结构、茅草屋顶、门窗檐口等予以保留（图 5.12）。民居建筑主色调的选择与大面积的建筑色彩为主的底色有适当的对比和调和关系，区别于城市的拥挤和繁华，凸显乡村的静谧和自然。主色调是褐色、深灰、浅灰，代表屋顶色彩。辅助色调有赭石、深灰、浅灰，代表墙面色彩。点缀色彩有橘色、象牙白，场地色有深灰色、陶土灰。

图 5.12　老峪乡村群特色建筑元素

3. 民居改造方案

民居改造方法分为保留修缮、改造提升和拆除重建（图 5.13）。

（1）保留修缮。干插石结构，有一定保留价值，其外貌需稍作整理，内部结构加固，门窗更换，功能设施完善，修缮配房，改造厕所、厨房，院落景观进行整理。

（2）改造提升。建筑较新，多为砖混结构，瓷砖贴面等，这类建筑可对其墙面瓷砖进行附铁网，重新进行仿石压模装饰，完善基础设施，院落规整，营造绿化环境。

（3）拆除重建。年久失修建筑、少数牲口棚、彩钢板等临建拆除重建，新建房屋可增建局部二层，配置客房或餐饮接待功能。

图 5.13　民居改造方案

5.1.6　破损山体生态修复

规划乡村群破损山体修复提升的原则主要以生态恢复为主，工程手段为辅；复绿后的山体能与周围协调，减少人工的痕迹；以可视破损立面整治为主，兼顾平面整治提升；近、远期结合，既有近期效果，又要考虑效果的长久性；山体的整治应以安全为前提，既要考虑施工的安全性，又要考虑到工程本身的安全性，保证治理后的山体不会诱发地质灾害，对周围建筑安全产生威胁。

两处破损山体结合各自地形条件及所处方位和功能分别整治提升。入口破损山体以生态、工程手段进行自然恢复，改造提升后供村民休闲运动；东部破损山体与游客服务中心结合建设成矿坑花园（图 5.14）。

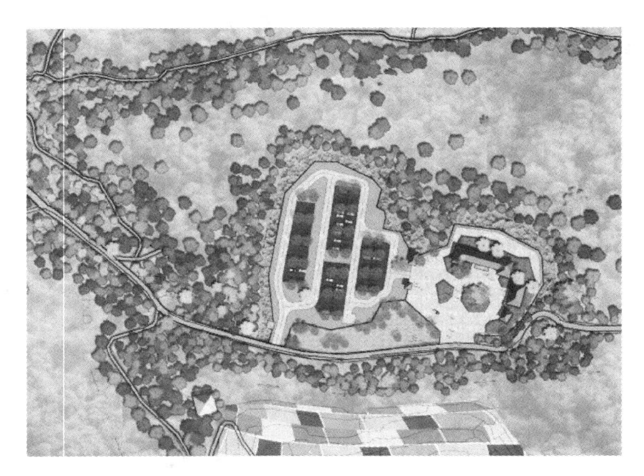

图 5.14　东部破损山体修复图

崖壁高度不同采用的山体修复方法不同（图 5.15）。对于小于 5m 的低矮崖壁可通过回填渣土、种植土进行绿化遮挡或通过回填种植土设置挡墙形成种植空间进行绿化覆盖；大于 5m 的陡峭崖壁，可通过崖壁挂网加固，崖壁前方可设置缓坡密林做挡墙处理。

5.1.7　林相修复

依据乡村群林相现状，采用营造近自然灌草、侧柏-阔叶混交林、生态景观色叶林和自然封育四类林相修复策略（图 5.16、表 5.2）。

生态景观色叶林，依据老峪乡村群现状林地的特征，对开发地区的景观视野进行分析，选择修复难度相对较低的谷地区域范围及景观视野极为重要的村庄周边区域进行生态

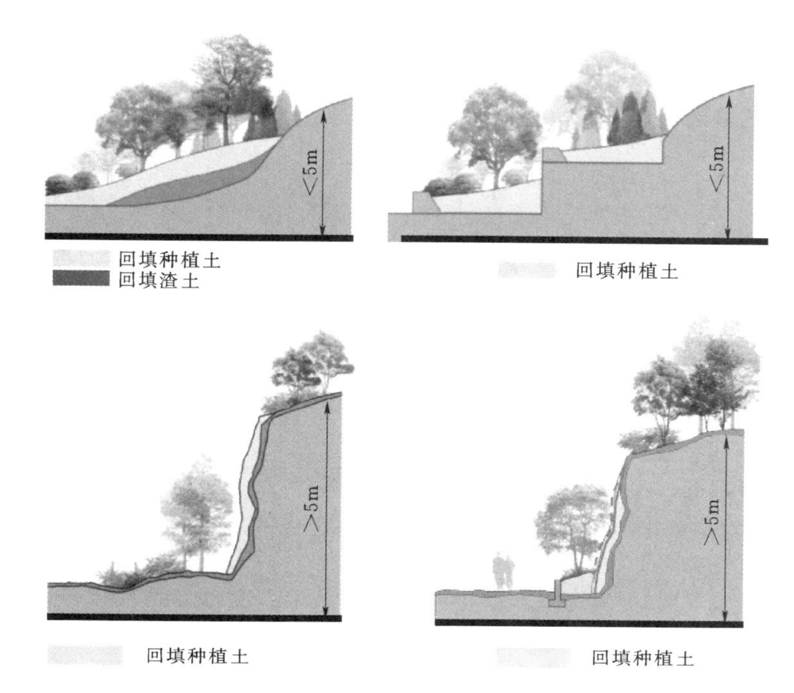

图 5.15 破损体生态修复方法

景观色叶林的营造。侧柏-阔叶混交林，以老峪乡村群的现状侧柏林为基础，选取对现状景观提升有帮助的区域，构建针阔混交林。近自然灌草，以村峪内现状自然灌草为基础，撒播本地先锋灌草种子，培育先锋群落，以达到改善水土的目的。自然封育，对村峪内条件差、修复难度大且对景观视野影响不大的周边山体范围以保护现有植被为主，任植被自然修复。

表 5.2 **老峪乡村群林相修复策略**

相修复策略	营造近自然灌草	营造侧柏-阔叶混交林	营造生态景观色叶林	自然封育
适用地区	适用于灌草丛的地区，较大或中等的修复难度	适用于侧柏林的地区，修复难度中等偏下	适用于植被修复难度较低的区域范围，修复难度较大但是景观视野很重要的地区	修复难度大，对视野景观影响不大的地区
方式	撒播本地先锋灌草种子，培育先锋群落，改善水土，顺势构建近自然群落	栽植阔叶树种小苗，构建针阔混交林	栽植景观乔木树种，大量增植适合山地生长的色叶植物，部分区域营造经济林	通过植被自然修复的方式，对现有植被进行保护
特点	自然演替为自然地带落叶阔叶林的潜力，水土固持力最好	水土改善，一定程度的景观提升	景观提升显著	自然演替 长期修复
时限	中，3～8 年	中，3～8 年	中，3～8 年	长，10～30 年
成本	低	中	高	无

侧柏-阔叶混交林、近自然灌草与自然封育林兼顾，通过营造生态景观色叶林，形成完整的、富于变化的四季林相景观，最终达到春季山花烂漫、花香扑鼻，夏季浓荫铺地，秋季层林尽染，冬季松柏青翠的效果（图5.17）。

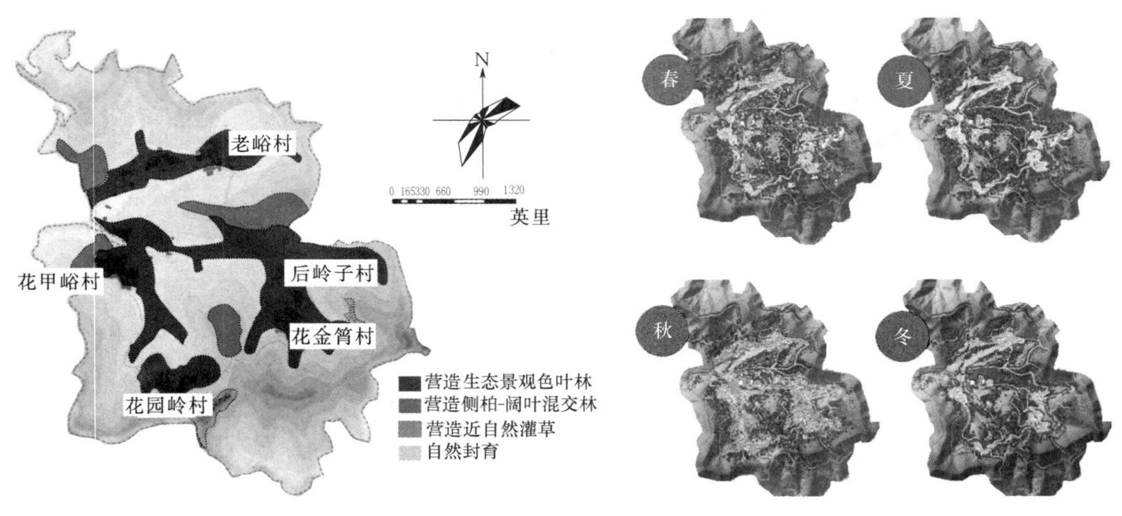

图5.16　老峪村群林相修复　　　图5.17　老峪村群四季林相景观

5.2　个体规划与设计

5.2.1　规划构思

1. 景观特质

花金箐村是5个乡村中自然生境评价最高的乡村，主要是因为乡村自然环境的生态性和特色性。花金箐村的山体完整、植物覆盖率高、山体地形地貌丰富、植物种类相对较多、春花夏荫秋叶冬青四季观赏性较强。自古山上就长有大片的花子顶，花的颜色是黄色，植物取名为花金，在长有花子顶的半山腰还有一口古老的深井，村民去山上取水就拿着自己家的“箐”。乡村的名字将自然环境中最重要的3个要素——山、植物和水联系在了一起，这也从另一个侧面体现出花金箐村民对自然的敬仰，在生活生产中人与自然保持亲密和谐的关系。

2. 功能定位与发展模式

花金箐村的优良自然生境适合发展养生养老产业，同时提供餐饮休闲等辅助功能。规划设计中确定鲜明的养生主题。结合乡村地区的养生和民俗特色，充分挖掘乡村地区优质的水体、清新的空气、绿色食品、养生药材的养生资源，开发文养、药养、体养、水养、食养、境养、心养等丰富的乡村养生系列产品。促进乡村养生文化、医药、体育、水利、食品、气象气候、手工艺制造等相关产业融合，突出养生功能开发，形成融文化体验、自然观赏、情境游乐、民俗娱乐、养生休闲全方位的养生养老，为我国持续增长的老龄化群体提供多样的居住选择（图 5.18）。

图 5.18 花金箐村平面图

5.2.2 功能分区

依据入户调研结果，合并部分愿意搬迁用户，将这部分住宅改造提升，可出租给城市居民，以养生养老为主；对于不愿意搬迁住户，对住宅经过改造提升后由村民自行经营，形成混合功能区，进行以养生为主题的民宿体验、餐饮、休闲等活动。所以，乡村共形成两个功能板块（图 5.19）：①养生养老区，迁出合并部分家庭，对民居进行改造提升，将这一区域的石居出租给城市居民，以养生养老为主，吸引期望生态养老的群体趋之若鹜；②混合功能区，以农民自主经营的以养生为内容的手艺编织、手艺陶罐、养生购物、养生餐饮、养生茶室及酒店、客栈等商业活动共同形成混合功能区。同时，以原有元素（古树、磨盘等）为空间主体设计不同的养生场所，穿插在大街小巷。

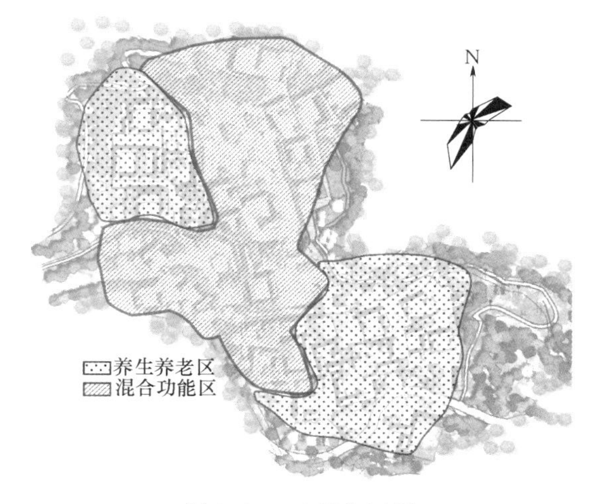

图 5.19 功能分区图

5.2.3 规划措施

1. 筑核塑心

规划建设多个公共养生活力空间，通

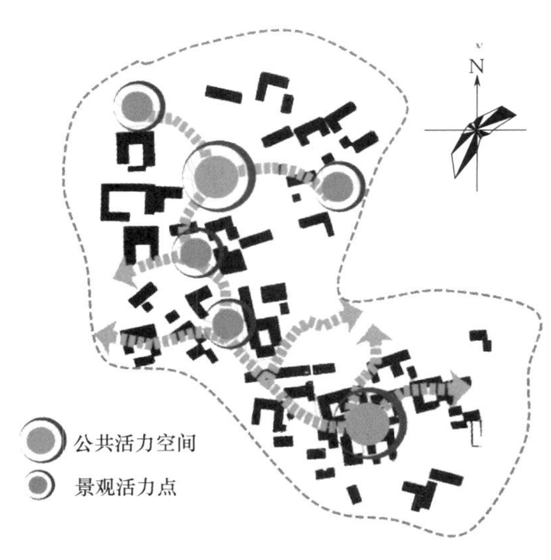

图5.20 筑核塑心规划图

过空间脉络对区域内的景观活力点进行串接，同时打通景观节点与自然山体的联系，形成收放自如的公共活力空间（图5.20）。

2. 筑路围院

现状村庄道路机理凌乱，部分道路不够完整，形成错位的交通组织形式。组团院落围合感较差，彼此之间联系较少，公共空间组织无序，整体性不够强烈。对此，通过筑路围院的规划措施打造新型乡村空间关系（图5.21）。

规划通过整合院落空间，在保持现有建筑布局的基础上，将原来部分散落的居民房屋设置成一个个院落的形式，提升院落空间的开放性，形成微型邻里，加强组团之间的联系。

图5.21 筑路围院规划图

梳理村庄内部道路机理，形成有机道路空间体系，将乡村之间零散水泥路改为步行街加广场布局，增加整体的可游性。

规划通过功能置入的方式，整合原有院落机理成为微型邻里空间，疏通乡村道路机理，形成可行走、可欣赏、可驻留的公共空间廊道。

5.2.4 景观结构

在花金箐村功能定位、规划措施、功能分区、景观特质、地形地貌的基础上，设计一环一带多巷道、两面六点多院落的景观结构（图 5.22）。

一环是完善贯通现有的山体道路，形成风景优美的环山路；一带是疏通原来错位混乱的道路，强化步行街和广场的布局，联系主要空间节点，形成养老区和综合功能区的交接过渡；多巷道是通往住户庭院的巷道，垂直或斜交于带状主路。

两面是乡村打造的养生养老区和混合功能区；六节点是围绕现有环境要素结合空间布局和养生主题，分别打造的古树文养节点、眺望心养节点、教堂体养节点、陶罐境养节点、手艺食养节点、入口药养节点；多庭院是整合原有院落机理而形成的微型邻里空间。

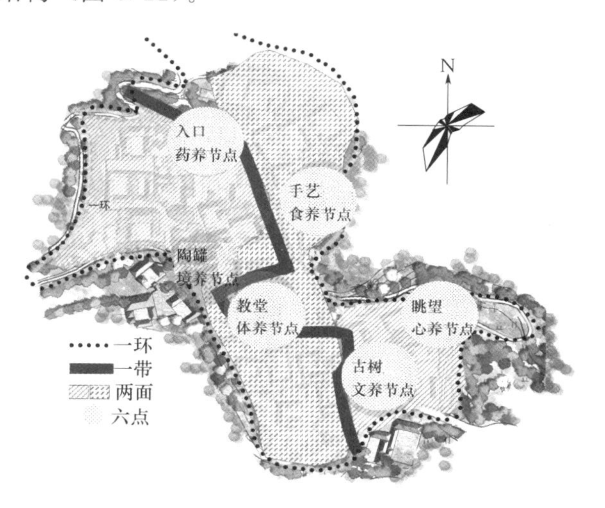

图 5.22 景观结构图

5.2.5 专项规划

1. 建筑规划

在花金箐建筑规划中共分为 3 类：保留修缮、改造提升和拆除重建（表 5.3）。其中保留修缮共有 3 户，占地面积为 761m²，建筑面积为 303m²；需要改造提升的共有 24 户，占地面积为 5054m²，建筑面积为 2951m²，需要拆除重建的户数有 21 户，占地面积为 3306m²，建筑面积为 1752m²。

表 5.3 建筑规划分类表

类型	保留修缮	改造提升	拆除重建
户数/户	3	24	21
占地面积/m²	761	5054	3306
建筑面积/m²	303	2951	1752

2. 植物规划

植物规划依据位置和作用不同采用不同的植物配置方法（图 5.23）。为保持一年四季的景观整体性和可持续性，在重要的景观节点种植常绿树配植果树、花卉及灌木，丰富季相变化。村庄内部的植物种植以乡土树种为主，因地制宜，“宜树则树、宜灌则灌、宜藤则藤、宜竹则竹”，并且选择一些经济作物，既能美化庭院，又能为村民带来经济效益，如石榴、桃树、苹果等。路旁以果树、花卉、灌木种植为主，宅前、院内围合小型菜地，菜地中可点缀果树。村庄外围的植物种植以高效复合型的经济果林为主，优化原有低效经济林结构。同时，可结合有机果蔬采摘、农耕体验等活动，如种植石榴、苹果、枣树、桃树、芸豆、丝瓜等为村民带来经济效益。

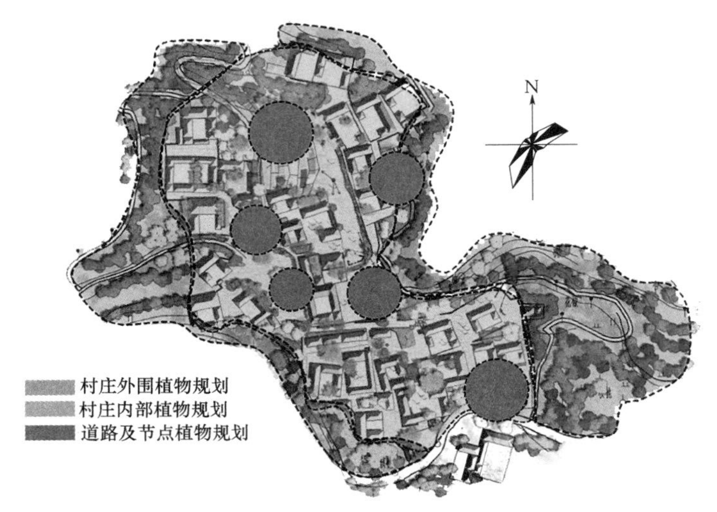

图5.23　植物规划图

3. 其他专项规划

依据群体规划的原则和专项规划的要求做出合理的道路规划（图5.24）、水窖规划（图5.25）、公共服务设施规划（图5.26）、标识及照明设施规划（图5.27）。

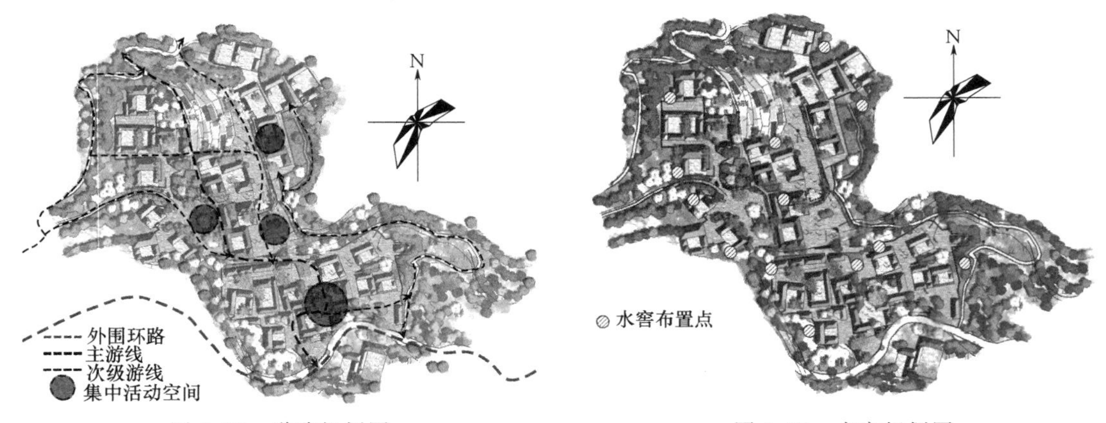

图5.24　道路规划图　　　　图5.25　水窖规划图

5.2.6　节点设计

1. 民居及庭院

（1）茶室“步青明堂”。乡村遗留有许多庭院，这类庭院属于最为普遍的三合院式布

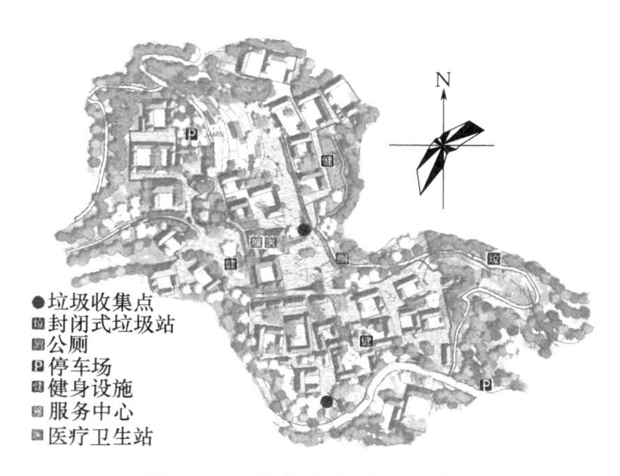

图 5.26 公共服务设施规划图

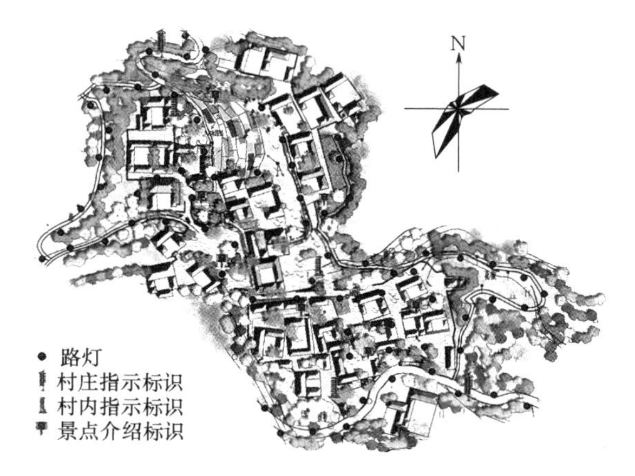

图 5.27 标识及照明设施规划图

局，适应现在较少的人口数量，包括正房、左右厢房和一面墙，没有倒座，院落入口采用门楼的形式。部分建筑主体结构完好，门窗和屋顶破损较为严重，围墙和大门基本缺失，庭院杂草横生。

茶室“步青明堂”尊重原有庭院的三合院布局，并充分发挥这样布局优势，设计两种功能：其一，提供本地村民居住在南向厅堂；其二，东西厢房发展为茶室及储藏间。建筑沿用坡屋顶和硬山式山墙的形式，材料以石材为主、木材为辅营造质朴风格，增加花架及庭院绿化，营造开敞庭院景观。院落的户外空间可种植蔬菜瓜果，花架下可休闲聊天，陶醉其中，品茶冥想所带来的美好享受（图 5.28）。

（2）养生养老“森海养院”。“森海养院”是适合 2～3 人或是小家庭养生居住的独栋小院。这类院子面积较小，三合院布局。厅堂多出檐至 2m 左右，可放置杂物，是室内到庭院的过渡空间。东西厢房或为厨房或为储藏间，平屋顶居多，院门位于东南角。出檐的厅堂大多数是 20 世纪 70—80 年代的建筑，所以墙面多是水泥砂浆或者石灰抹面，庭院水泥铺地，木制或铁艺门窗粉刷绿色。庭院改造以风格统一为主要原则，在现有墙壁基础上进行石材的外立面装饰，门窗置换为质朴的红棕色木材，院门通过影壁墙、抱鼓石等传统物件提升院门的标识引导功能。房子周围的院落，不但增添了隐蔽性，也提供了休憩空间。院内有完整的厨房及餐厅，入口有檐下空间可休闲，屋顶有露台可烧烤或晚宴（图 5.29）。

（3）养生养老“康怡养院”。“康怡养院”是将两处相邻院落整合为一处的大型院落，整个院落六间卧房，可住 15～20 人，适合团体共住，可供家族或者朋友举办大型聚会。乡村中许多庭院仅一墙之隔，例如，一处是 20 世纪 70—80 年代建造的庭院，保留完整，房屋坚固，院落整洁，但是特色不鲜明。另一处是庭院杂乱，建造年代较为久远，除了厅堂主体结构完整外，其余建筑和围墙均破损严重，但是院中古树和红砖石墙给人历史沧桑之感。改造设计打通两处庭院的交通，实现空间贯通，同时功能相对独立，统一建筑立面形态，保留古树，并以古树为主要景观形成院落中心，空间开敞以满足多样的活动内容。入口设置在北侧，出入方便，广阔的户外空间可进行烧烤晚会，多为一层，局部新建二层，有露台可观景（图 5.30）。

现状图
现状民居
（保留修缮）
庭院菜地
现状储藏间
（保留修缮）
现状核桃树
规整庭院，增加
花架及庭院绿化，
营造庭院景观
新建入口
及围墙
新建配房
平面图
4.80m
3.00m
0m
南立面图
4.00m
0m
西立面图
鸟瞰图

图5.28 茶室“步青明堂”

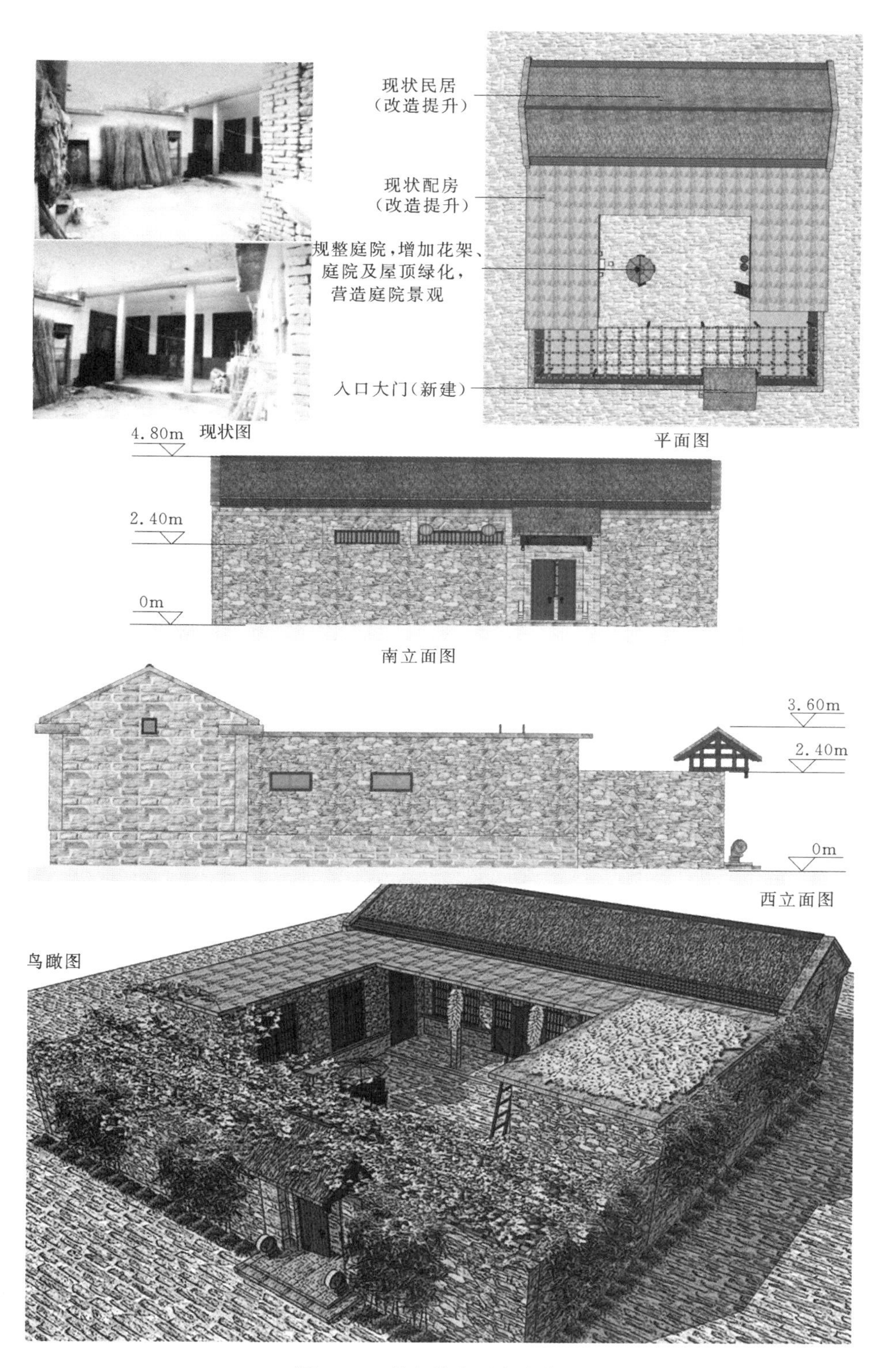

图 5.29 养生养老“森海养院”

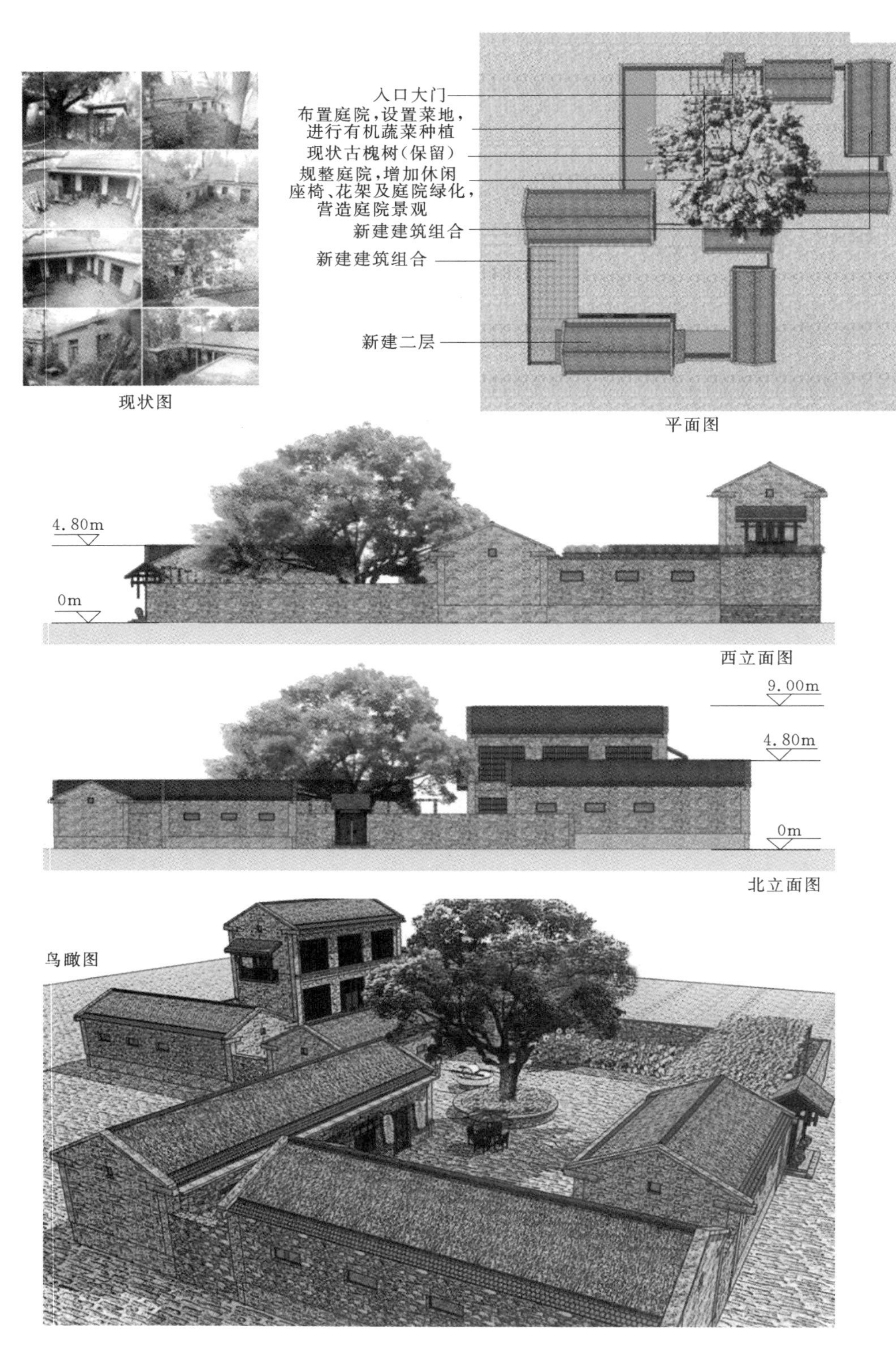

图5.30 养生养老“康怡养院”

2. 养生节点（图 5.31）

入口节点（药养空间）

编织节点（艺养空间）

酒店节点（食养空间）

古槐节点（文养空间）

陶罐节点（境养空间）

教堂节点（体养空间）

养生养老庭院

农家茶舍

图 5.31 乡村节点设计

（1）入口节点（药养空间）。选材取自当地特有的山石和木材，用山石堆砌，木材勾勒造型，主配结合，形成开敞空间，同时也是框景，框取后面的远山和近居。满足人流车流的集散交通，并题刻主题“养生”，迎门见景，不刻意雕琢，与环境融为一体，彰显地域特色。在入口的服务中心周边种植花田和药田，体现自然养生主题，凸显村落的养生文化特色。

（2）编织节点（艺养空间）。当地村落中的草编几代传承，成为文化特色。结合村落布局，打造手艺街道，如草编工坊、工艺作品展示馆等，既可以带动区域经济发展，又可以将手工工艺进行文化传承。在街巷街角搭建景观花架，以南瓜、葡萄等攀爬，在架下形成编织空间，满足当地手艺人的操作场地需求，既可成街边景观，也生动地再现了草编工艺的操作流程。

（3）酒店节点（食养空间）。设计农家乐为主题的餐饮休闲空间，在周边场地种植药草、有机蔬菜等，并以此为食材，打造特色的食养空间。村中香油坊、豆腐坊遍布大街小巷，将这些小买卖以小商街的形式错落有致的组织起来，既成为特色街景，也促进了当地产品的开发。

（4）古槐节点（文养空间）。村落因古木而悠远，花金箐的古槐已有百年树龄。结合古槐，对其进行空间提升，对古木进行保护的同时，采用当地特色的石头铺贴地面，打造茵茵古木、林下康养空间。树下打坐、静思，感悟生命真谛，成为文养空间。古槐节点旁的红色文化较好的在街巷墙面得以传承，让历史成为村落中的特色。

（5）教堂节点（体养空间）。保留原有教堂，强化教堂氛围，周边种植特色花卉园地，以教堂为中心形成开阔的节点空间，并安放健身器材，成为老人们可健身可打拳可舞剑的休养空间。

（6）陶罐节点（境养空间）。村庄除了特色的编织手艺外，还有制陶的历史，设计提炼特色的粗陶文化，将村落中留存的陶缸、陶罐结合竹子、石块、茅草、跌水以及茶室共同打造境养空间。

（7）眺望节点（心养空间）。在视线开阔处，设计有眺望平台，可远看层峦叠嶂的山脉，也可近看层层错落的梯田，可远看蓝天白云，也可近看炊烟袅袅，让人心旷神怡、心情愉悦，实谓心养空间。

5.3　设计方法

以乡村原有的自然人文环境为设计基底，以提出的鲁中山区乡村景观发展模式的内容为目标，以老峪村为例，对丰富的视线、融合的材料、拓展的功能与形式 3 方面的设计方法进行研究，实现乡村特色空间，展现人在不同空间中的活力与生活形态，满足乡村多样化发展需求，加强乡村认同感。

老峪村是乡村群中的中心村，创造服务于整个乡村群原住民和新住民居住和生活所衍生出的一系列功能：教育、医疗、儿童游乐、健身、居住、休闲（图 5.32）。

因老峪村的功能定位和周边环境及场地特征，老峪村设计两轴一带多节点的景观结构和八大功能区，分别是入口接待区、村民居住区、民宿体验区、综合功能区、梯田景观

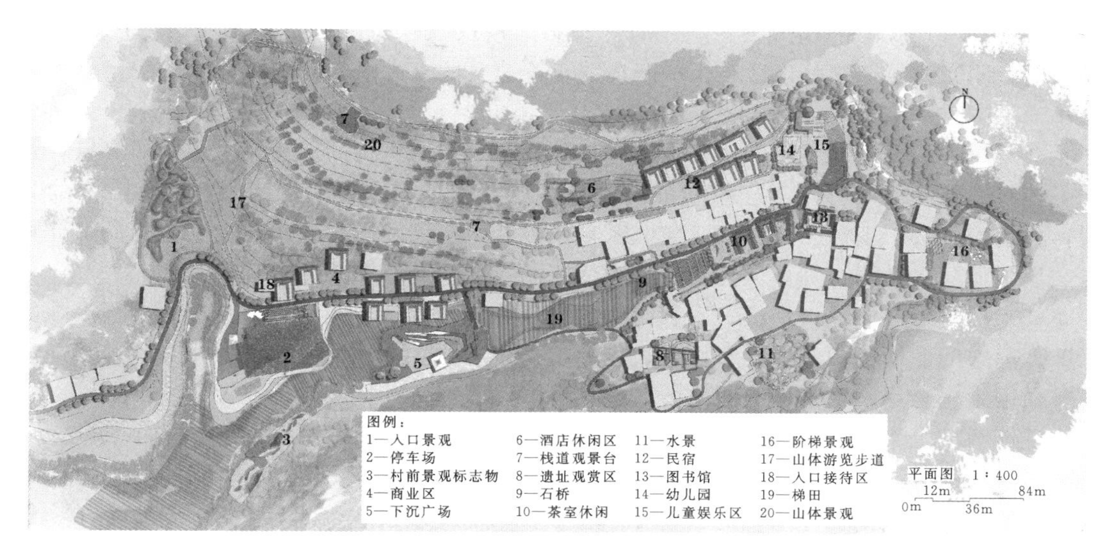

图 5.32 老峪村平面图

区、山体游览区、山体恢复区、山体保护区。其中综合功能区包含服务于原住民和新住民的文化教育休闲功能而形成的图书馆、幼儿园、茶社（小卖部）和商业建筑及其建筑周边环境。

5.3.1 视线的运用

山地地形多变、视线丰富、空间多样。老峪村自发选择形成的活动空间具有许多相似的共同点：观看视野和朝向好、空间层次丰富、空间尺度亲切、有较好的微气候。老峪村的居住生活空间是被山体环绕的内聚式空间，也就是景观设计中的下沉式空间，民居庭院和巷道分布在环绕的坡地形，主街和主要集会空间分布在相对平坦的凹地形（图 5.33）。

1. 地形与视线

（1）坡地形。坡地形是联系凸地形和凹地形的坡面，其地段空间特性取决于山体坡度与坡度凹凸。凸山腰有开放的感觉，凹山腰则内向，相对封闭。在合适坡度和视线的位置可以布置建筑和景观，能够随形就势，参差布置，或前低后高，或旁高中低，或前高后低，具有生动的景观效果。

老峪村民宿区设计在北部山体的南坡面，坐北朝南，面向凹地形的主街和广场。

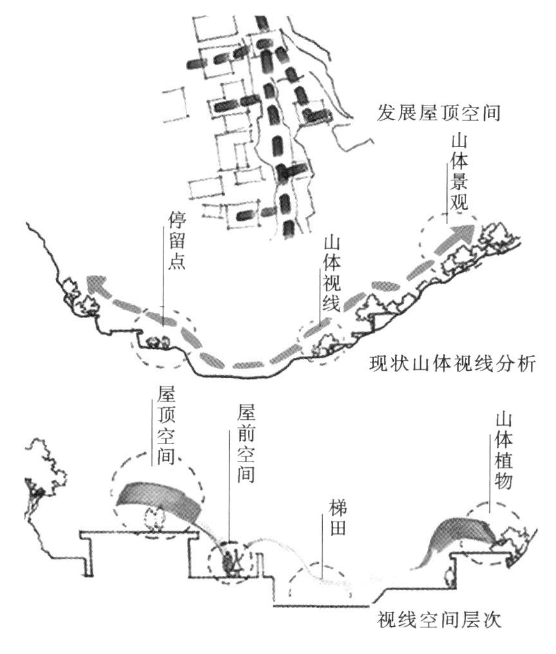

图 5.33 视线分析图

仰视可看山体景观，俯视可看生活场景。民宿区的小气候舒适，山体挡住了寒冷的西北风，同时阳光充足，弥补山区冬天的寒冷，夏季凉爽的东南风伴着山上清凉的空气飘入每家每户的乡土庭院。

老峪村的儿童活动空间和图书馆设置在坡地形，位于主街的尽头，是视线的终点，是主街视线空间的对景。儿童空间和图书馆的景观形象极其重要，是老峪村最为主要的景观，代表着过去、现在和将来的时空联系，同时儿童空间和图书馆也是观赏主街的最佳视点，坡地形的多变视线和地形的丰富性为活跃的儿童空间和图书馆创造了条件。

（2）凹地形。凹地形视线一般较封闭内向，呈积聚性围合空间。凹地形封闭程度取决于凹地的空间底面范围、封闭斜坡的坡度和地平轮廓线，在地形基础上树木和建筑物高度等竖向因素也会影响空间的封闭感。

低凹处能聚集视线，所以凹地形是被看的理想场地。同时具有相对舒适的小气候，可布置形象美观的景点，设计停留、使用、活动的场地。

老峪村共三处集会广场，均设置在凹地形。第一处以茶室景观为主，是进行品茶、聚会、聊天、晒太阳的空间；第二处以折线木制台阶景观为主，是进行活动、演出、娱乐的空间；第三处以自然地形和乔灌木的绿色景观为主，是进行纳荫休憩的空间。三处集会广场满足不同人群的不同活动内容。

（3）凸地形。无论是凹地形还是坡地形视线相对封闭内向，而且人们的活动空间有限，为了增加视线的外向开敞，也为了增加活动空间，顺应山体等高线设计山体游步道，在凸地形处设计停留观赏平台。所以凸地形不仅是欣赏天光山色、极目远眺和一览众山小的好地方，还是创造景观、突出标志、强调焦点、营建空间的场所。

2. 设计应用

设计通过充分利用场地多变的地形地貌形成多变的有趣空间，引导人们的行为，让空间更有活力和凝聚力。

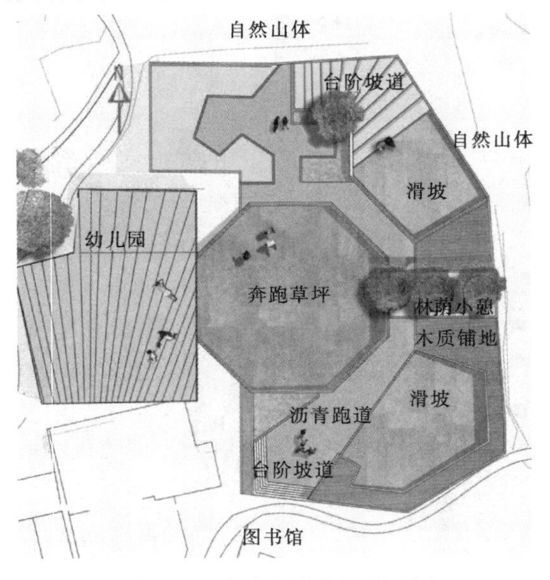

图5.34　儿童娱乐空间平面图

儿童娱乐空间（图5.34）位于老峪村村内的东北处，西边紧挨着幼儿园和民宿，东边和北边都是自然山体，南边是图书馆。整个地势东高西低，北高南低，最高点在场地的东北角。

场地布局形式结合周围环境，以幼儿园东西轴线为中心，形成儿童活动区的隐形控制线。设计有面积较大的八边形奔跑草坪空间和林荫线性空间。草坪是整个儿童活动区的主体，以草坪为中心形成内聚式半围合空间，内低外高。大草坪外围有两条弧形道路，分别铺装彩色沥青和木板，两条道路在保证流畅通行的基础上注重空间的开合变化以满足不功能的使用，充分利用变化丰富的地形［图5.35（a）］。设计供孩子们滑行和攀爬的设施，并充分利用高处平台下的“废”空间，发展成为休息和小型活动的场所。

东边层次多且高差大，西边高差相对较小，与场地西面的幼儿园形成高差丰富、错落有趣的地形，结合攀爬、奔跑等活动形成了吸引儿童的活动空间。

场地西北边是小型的室内休息区加屋顶坡道平台，可以让0～2岁的婴儿及家长在室内活动，也可以让等候的家长在室内休息喝咖啡聊天，扶手的材料由当地的木材和藤条、钢条组合而成［图5.35（b）］。与西北边对应的东北边小场地空间是浅水，石质台阶和平台，平台下形成的虚空间可以荡秋千［图5.35（c）］。

东南边的木质平台和滑道形成了一个回形流线，而平台下层的室内场地可以打羽毛

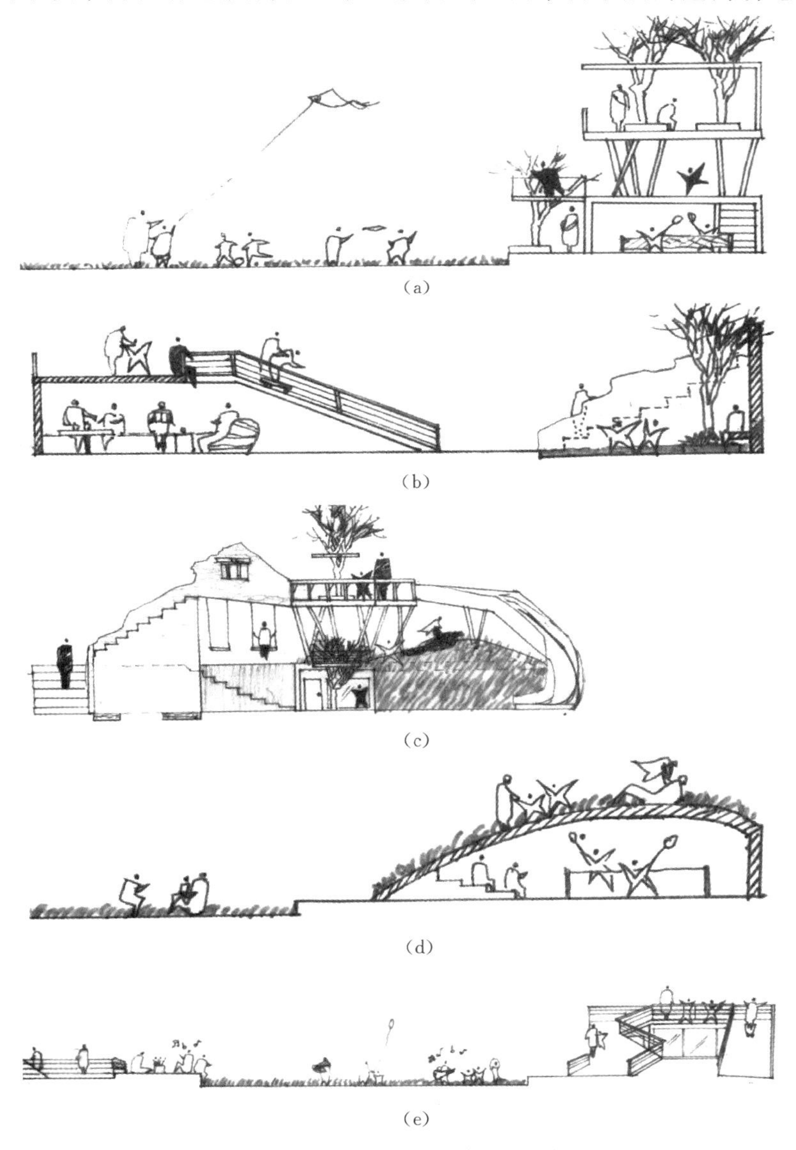

(a)

(b)

(c)

(d)

(e)

图5.35　儿童娱乐空间立面图

球、乒乓球、网球等［图 5.35（d）］。石质平台立面结合了遗址场地局部立面意象衍生而来的形象，使场地融入时间沉淀的文化氛围中。

场地中心是下沉大草坪，可以放风筝、踢足球。西南边是一个台阶连接儿童场地外面的道路空间［图 5.35（e）］。这种尺度感和小建筑给人十分亲切的感觉，让儿童更有安全感。

儿童活动区结合山区场地特征和老峪村特色的石质、藤条、山墙元素，配合场地地形和功能需要重新进行空间尺度和意象的选择与重组，场地与乡村融为一体。

5.3.2　材质的融合

材质不仅决定着建筑景观的外在形式、色彩、质感、纹理等，还影响着建筑景观的功能和情感。乡村多元化的功能空间需要多元化的材料合理组合，在材料的运用中要以乡村原有的石、木、砖、土为主要组成材料，再依据建筑景观表达的功能和传递的主题合理选择适合的现代材料，老峪村常用的组合方式是玻璃＋木材＋石材、混凝土＋木材＋石材、砖石＋木材＋石材。

1. 传统材质的运用

老峪村建筑传统材质主要是土、木、石和砖（图 5.36）。

图 5.36　传统材质分析

石材是乡村建筑的主要材质，常以块状或片状的形式出现。块状主要表现在建筑的地基、石阶和砌墙部分，用于砌墙部分的石头最长长度大约在 50cm，最宽宽度在 20cm，高度有 25cm。片状主要表现在建筑的屋顶山墙处，最长长度在 30cm，高度为 7cm，宽度为 20cm。石材还以石磨、取水台、石碾、石槽的形式出现，石材纹理丰富，呈深褐色，居民就地取材真实地表达了石材的特性。

土主要以土砖建墙，墙体抹面的形式出现，土砖建墙主要是以土为原材料加入稻草制成土块建墙，长度在200mm、宽度150mm、高度80mm。墙体抹面主要是在土砖外部进行墙体的加固和美观形式。土是乡村建筑中是常用的建筑材料，土夯建筑可拆除再生。

木材主要应用在建筑内部构架和木窗、编织农用器具、建筑内部构架。屋顶构架长度6m，直径50mm；窗的边缘和栏杆用木条制作，窗的高度1.4m，宽度1.1m；编织农用器具主要是用当地的植物编织成晒谷物的框具。木材有很好的可塑性和可搭接性能，易于加工、抗拉、抗压、抗剪力、耐潮湿、耐蚊虫。

乡村建筑中多为红砖，主要用于建筑砌墙和装饰。砌墙的红砖长度240mm、宽度115mm、高度90mm，进行错缝砌筑。装饰的红砖常用于屋檐、转角、女儿墙等。

2. 设计应用

（1）玻璃＋木材＋石材。玻璃是一种新型建筑材料，它的特点耐低温和高温、抗腐蚀、美观、轻盈等，玻璃材质在不同的角度呈现不一样的色彩。人与环境互动时，玻璃使建筑表现更丰富。木材、玻璃与石材是3种不同质感的材料，形成鲜明的对比，三者的结合在保留乡村乡土元素的同时增强了现代感。

遗址建筑（图5.37、图5.38）距今已有100年以上的历史，不破坏原有的废墟面貌的前提下，设计通过钢骨架的介入恢复建筑原貌，采用透明玻璃的方式做建筑外观，运用当地特有的建筑石材及组合，凸显细节民居符号，延续乡村文化。

图5.37　遗址建筑

（2）混凝土＋木材＋石材。混凝土具有很好的承载力和耐久性，色彩冷色调，在乡村中大面积使用会显得不和谐。木材和石材本身具有真实感和天然气息，三者的搭配弥补了混凝土情感的不足。

废弃民居改造的图书馆是整个乡村的中心点，也是最佳观景点，是乡村最为重要的形象标志和文化标志，是新时代老峪村的象征。民居的旁边有一颗古树，有百年历史。民居建筑体量过小，在原场地范围基础上进行扩大形成图书馆（图5.39、图5.40）。保留原有的建筑构造并且对部分建筑院墙进行修复，对建筑庭院有部分改造，替换残缺砖块，加强原有石墙的安全性，增加院落与建筑的空间关系。通过混凝土作为主要材料进行建筑院落扩建，赋予建筑新的空间功能。玻璃幕墙增加室内光线，扩展视线范围。石头堆砌墙体，外面再用木条排列的方式形成木板墙，具有镂空遮挡的效果。

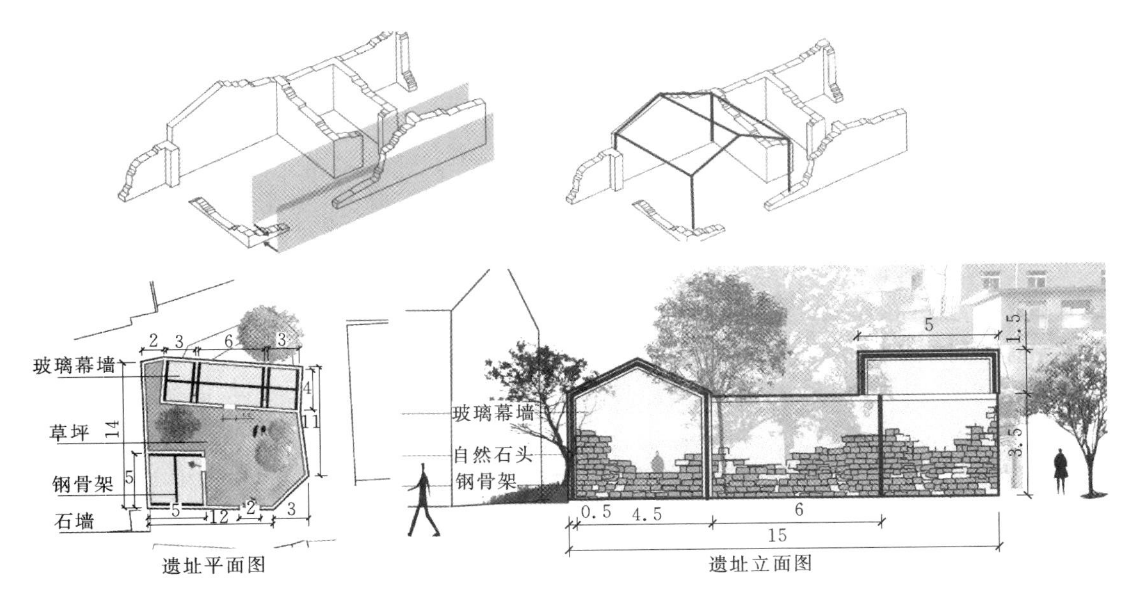

图5.38　遗址建筑改造（单位：m）

图5.39　废弃民居

图5.40　改造的图书馆（单位：m）

(3) 砖石＋木材＋石材。对废弃民居和周边环境民居建筑进行修复改造为幼儿园（图5.41、图5.42），场地紧邻乡村主要道路，旁边有一块开阔的空地，地形高差比较大，北邻成片的果树，道路不完善。原有民居坡屋顶启发灵感，对屋顶进行了改造，屋顶的设计是建筑与儿童的交流对话，还为村民们提供了一个俯瞰美丽乡村的地方。砖和石两个材料以组合的方式砌筑建筑外墙，在横竖形状和体量大小的排列方式上呈现不同的变化。木材主要应用在建筑的坡屋顶，木板排列成面形成屋顶滑坡，增加场地、建筑与人的互动性。

图 5.41 废弃的民居及环境

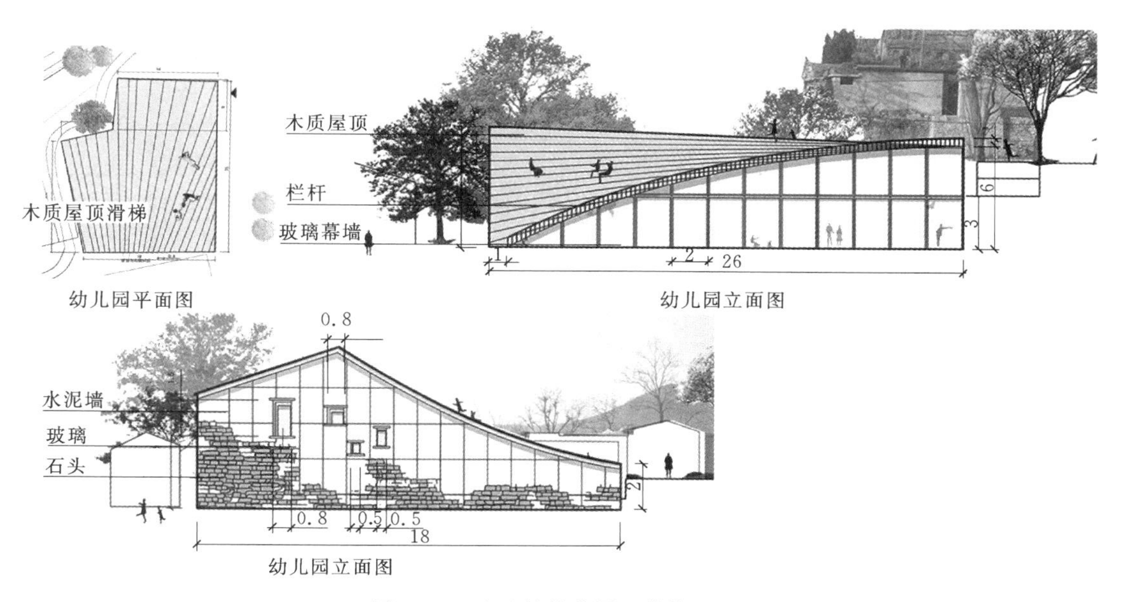

图 5.42 改造的幼儿园（单位：m）

5.3.3 形式与功能的拓展

将来居住在乡村的不仅仅是原住民，还有新住民。纵观中国城乡环境发展，使用人群发生变化时，环境形式和功能随之发生变化，以最大限度满足现阶段人们的需求。乡村由于发展的需要和使用人群的变化，乡村现有布局和空间已远满足不了乡村承载的功能。这就需要进行乡村功能的拓展，功能的拓展随之带来形式的变化。通过提取乡村重复的特色元素，进行重新组合之后形成的新的形式和空间。这样的空间与乡村本身有着文化上的连续性与一贯性，经过元素重组之后，创造出新形式和新空间。

1. 拓展的方法

以院落空间为例，由于乡村功能的丰富，合院民居的使用对象不仅是原住民还有新住民，在传承传统院落空间格局的同时，满足住民们的需求，遵循相似性原则，首先找出老峪村院落“原形”：一字形、L形、T形等，并选取几个典型的院落形式（图5.43）。然后，探讨尝试图底关系以及平立面效果切换，并依据各种不同的具体功能的要求，自由选择，重新组合放置，规划流线（图5.44）。最后，组合创造出符合空间要求的院落设计（图5.45）。构筑“原形”统一、布局多样、丰富多彩的院落空间形态，实现传统院落空间的形式和功能拓展。

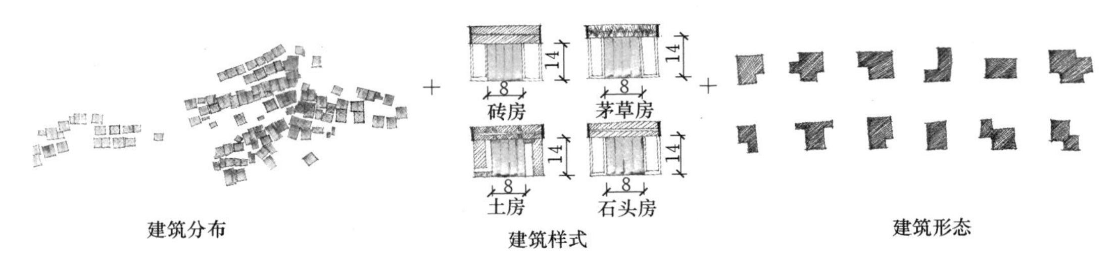

图5.43　选取元素（单位：m）

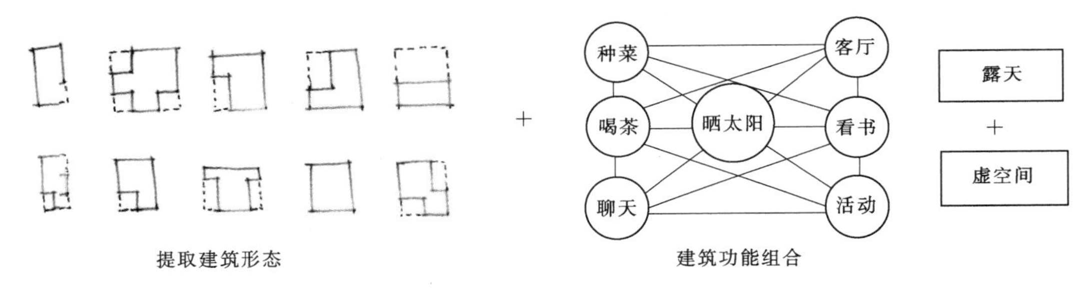

图5.44　拓展形式功能

2. 设计应用：庭院空间的拓展

在保证院落空间“原形”的基础上，按照现代生活的需要设置各种功能空间和设施，满足不同人群的多样性需求。打破院落空间的独立性，形成半开放式庭院和开放式庭院。

在老峪村有几户相邻院落破旧瑕小、交通不明确、辅助建筑搭建严重，根据原有建筑分布，打破原始封闭的院落空间，改造成相对开放的院落空间。半开放式院落是打破部分围墙，联通院落之间的联系，每个庭院相对独立但又相互联系。

老峪村一处废弃的建筑庭院改造成露天的公共影院活动空间（图5.46），丰富村民的日常活动，赋予空间以新的功能，为村子注入活力。顺应地形的台阶形式增加电影院的竖向变化。该影院将乡村环境、居民聚会和公共活动相结合，成为原住民和新住民的文化活动空间。

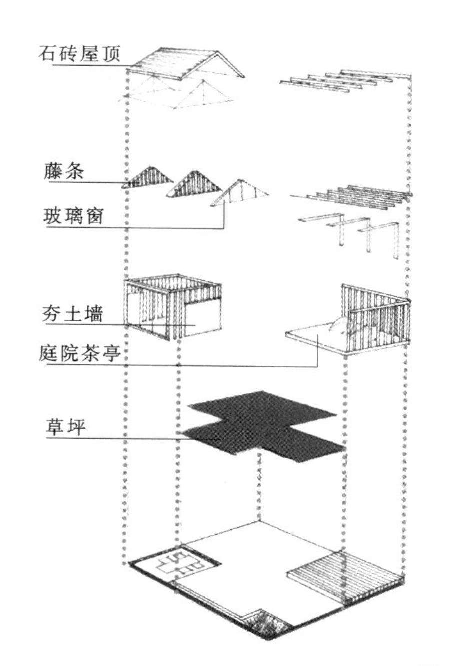

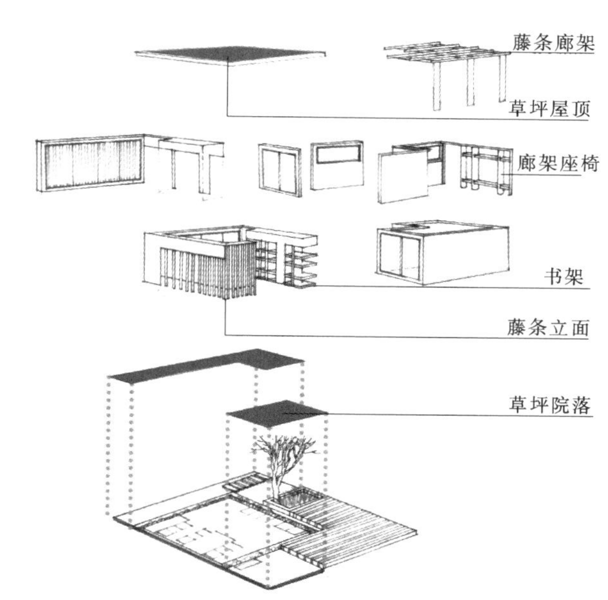

图 5.45 置入形式功能

3. 设计应用：公共空间的拓展

作为综合功能开发的老峪村要尽可能地创造多种功能使外来人群和村民能够进行各种活动，通过提高活动质量，延伸出更多的特色。酒店休闲区（图 5.47）位于老峪村的北侧中间部分，东边紧邻着民宿区，南边是村民自己的民居，北边是自然山体，西边是开阔的场地，整个地势东北高，西南低。

酒店休闲区平面布局采用充满动感的曲线、弧线、折线相结合，形成时尚现代的空间，在细节样式和材料选择上以当地夯土、石材、木材、藤条和植被为主形成朴实的组合方式。依托原有地形，通过高处更高、低处更低的方法，从而形成丰富的空间层次（图 5.48）。场地分为以下 3 部分：

图 5.46 影院庭院改造

场地的北侧是相对安静的空间，也是地势最高处，开阔的木质平台可以喝茶、聚会、跳舞、演出活动等，位于东南角的藤条廊架作为无障碍通行空间连接民宿和山体栈道。

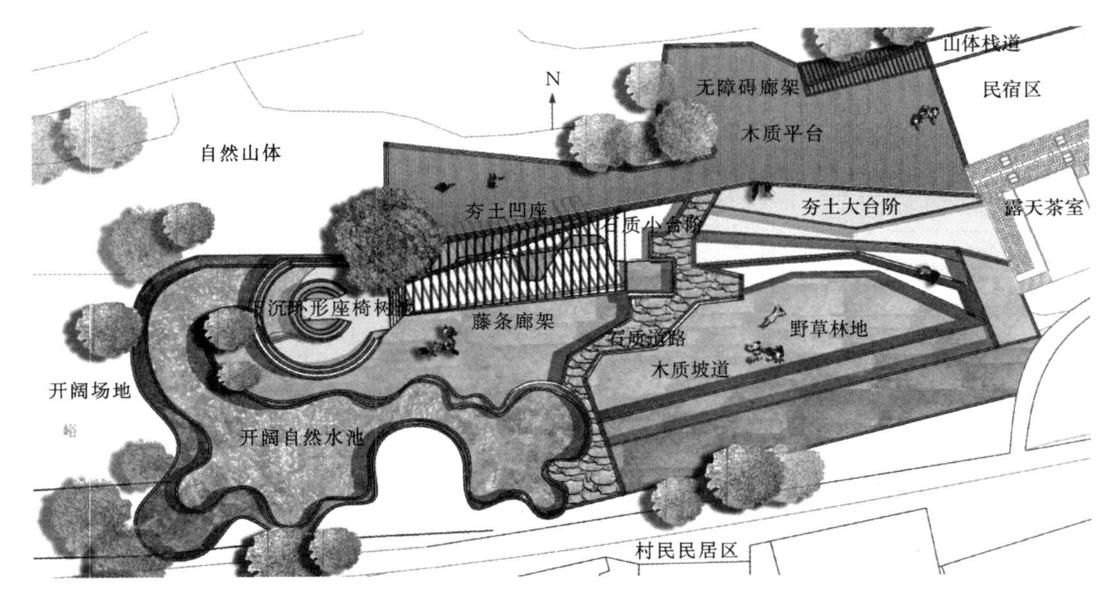

图 5.47　酒店休闲区

图 5.48　南立面

场地中部空间连接着场地的东西交通，也是场地南北空间的过渡。东侧的夯土台阶展现出宏伟的大地景观，而自然石质小台阶显露出乡村景观朴实中的精致之美。用当地材料藤条做的廊架灰空间联系着西侧具有动感的曲线型下沉空间，自然夯土凹座和下沉的木质环形座椅树池是下沉空间的主体（图5.49）。

图 5.49　下沉空间

场地的南边部分，利用原有水池改造成数层台地形成的开阔水面，是整个空间地势最低的区域，吸引着人们的视线，使人们主动发生亲水戏水活动，是最为活跃的空间，南边部分还设计有缓坡绿地，散植当地林木，通过木质坡道联系交通。

合理结合山区乡村的自然地貌，满足外来人群多种功能需求进行设计的酒店休闲区，不仅能让人们的视线进行多样的交流、增加体验，还能使人们的使用痕迹和活动内容得到延伸，让心灵走进场所深处，从而产生更多有趣的活动。

本章以西营镇老峪乡村群的建设项目为对象，通过乡村群体规划的前期分析、规划理念、规划目标、规划结构、规划布局、规划措施、基础设施规划、林相修复、山体修复到个体乡村的设计定位、功能分区、空间布局、单项设计再到具体空间运用的设计方法等很多方面进行详细规定。旨在阐述以景观特质为核心的乡村景观发展模式的设计思路，进一步证明前文中提出的鲁中山区乡村景观建设的实施路线，证明运用鲁中山区乡村景观共性特质理论营造地域特色的山区乡村景观，论证运用构建的鲁中山区乡村个性特质评价方法用以界定乡村景观个性特质，论证鲁中山区多样化乡村景观群发展模式，同时，通过实际应用明确规划设计过程中的技术要点，完善研究的完整性和系统性。

第6章 结论与创新之处

鲁中山区乡村景观特质、发展模式及规划设计是在乡村数量众多而资料匮乏，乡村特色明显而未被充分挖掘，乡村景观发展前景良好而未有适宜发展模式和规划设计理论的背景下展开的研究。旨在景观特质的基础上建立乡村景观的发展模式和规划方法，循序渐进的研究景观特质、发展模式和规划设计，其中鲁中山区乡村景观特质是研究的重点和核心内容。

通过广泛调研和分析比较归纳提出了鲁中山区乡村景观共性特质，以乡村群为研究对象，构建了乡村景观个性特质的评价体系，以景观共性特质和个性特质研究内容为基础并综合相关理论提出了鲁中山区多样化乡村景观群发展模式的内容、特征及实施路线，同时提出生态康养型、文化感知型、种植观光型、居住民宿型和艺术表达型5种不同的乡村景观类型，结合鲁中西营镇乡村案例，研究基于景观特质的规划设计技术要点，验证理论的可行性，完善研究的系统性。

6.1 研究结论

（1）通过田野调查与案头工作相结合的方法，以乡村景观概念和分类为依据，界定了鲁中山区乡村格局形态、居住生活、经济生产、精神文化、自然生境景观的形式、功能、组成、体量、材料和尺度，确定了鲁中山区乡村生态的自然性、功能的实用性、经济的单一性、文化的生活性、格局的集聚性、形式的差异性、体量的小巧性、材料的粗犷性、对比的丰富性和空间的连续性，填补鲁中山区乡村景观共性特质研究的空白，是对乡村地域特色的补充和完善，为鲁中山区乡村景观的传承创新发展提供理论基础。

鲁中山区乡村格局形态多呈带状，一般以主街、河流或山谷为中心聚集，占比达到65%以上，各乡村之间的交通联系较弱。对民居景观、庭院景观、街巷空间和集会文化空间的组成、形式、材料、体量、要素、界面、装饰和构件等多方面进行了研究，形成鲁中山区居住生活景观的详细资料。民居样式统一，尺度较小，材料质朴，装饰较少；仅在民居构成的关键部位进行样式和材料的变化。正房位置是在院落中轴线上，以三或五间数居多。墙体是组合材料，采用下段石＋上段砖或下段石＋上段土的形式，采用同种材料压檐。硬山式屋顶以茅草和红瓦为主要材料，有茅草＋石板、茅草＋红瓦、红瓦＋石板、红瓦＋红砖、红瓦＋红瓦的组合方式。院落空间较紧凑，与民居组成鲁中山区乡村空间形式中最基本的空间单元。院门常有内外照壁，并在院门口形成滞留空间。乡村街巷空间呈现出树状有机结构特征。街巷空间与周边界面的不同围合方式形成了丰富的行走体验。集会文化空间分布呈散点状，常以古树、磨盘、水井等要素为中心形成空间。精神文化景观主要体现在宗教习俗、日常生活和农业生产中，是长期形成的精神寄托和生产生活方式的外在表现。乡村经济生产景观主要是梯田，而普遍存在的问题是经济生产景观缺少附加值的创造，无法产生服务产业带动经济发展。鲁中山区乡村地形起伏、风景秀丽、空气清新、四季分明、景色深远、视线多变，充裕着清新的山野情趣，具有优越的自然生境。

（2）运用层次分析法、德尔菲法和理论分析法等研究方法，结合鲁中山区乡村景观的实际情况确定了鲁中山区乡村景观评价体系的框架、指标权重系数、功能指标的评分标准和乡村景观特质评价公式，从而构建了一套完整的鲁中山区乡村景观特质评价方法，以界定乡村景观的个性特质。

通过鲁中山区乡村景观特质评价方法对多个乡村群进行景观特质评价，结果显示乡村群内的乡村在居住生活、自然生境、格局形态、精神文化、经济生产的景观特质强度都不一样，不同乡村景观的要素指标强度不同，没有强度完全一样的乡村景观要素指标，每个乡村景观都有鲜明的个性特质，这种个性特质是乡村景观之间区分的重要依据，也是确定乡村景观主题功能和发展模式的重要依据。

（3）通过感知评价法分析以原住民和新住民为服务对象的乡村景观感知结构，有利于形成让原住民和新住民都易于识别的乡村标志、节点、巷道和面域，对乡村景观结构规划设计提供依据。认知地图调研数据分析统计结果发现，山区乡村景观结构中最为重要的标志是古树、民居；最为重要的节点是村民家附近的空地或主街旁的广场空地；最为重要的线性景观是街和曲折悠长巷道；最为重要的面状景观是山体和农田。

（4）以空间再生理论、景观生态学理论、环境心理学理论、景观安全格局理论和城市意向理论为理论基础并结合城乡规划理论和风景园林规划设计理论，提出鲁中山区多样化乡村景观群的发展模式。提出发展模式的特征为：景观特质为内核、乡村群为规划对象，多元化的乡村景观群为发展方向、形式更新为形式重点、乡村感知要素为空间重点、以空间再利用为功能重点、原住民与新住民为服务对象。提出明确的实施路线为：乡村群的划定-个性特质-主体功能-发展模式-规划设计。同时，提出生态康养型、文化感知型、种植观光型、居住民宿型、艺术表达型5种不同类型的乡村景观特点、发展方法和典型乡村。

（5）以西营镇山区乡村景观规划设计为实例，将鲁中山区乡村景观特质与发展模式研究理论应用于当前的乡村景观建设，从乡村群景观规划、乡村景观个体规划与设计，到设计方法在具体建设项目中的应用进行了较为深入的研究，规定了乡村景观规划设计的内容和方法，验证了景观特质和发展模式理论的可行性，同时完善研究的系统性。

6.2 研究创新点

（1）界定了鲁中山区乡村格局形态、居住生活、经济生产、精神文化、自然生境景观共性特质，同时，构建了鲁中山区乡村景观个性特征评价方法，可应用于相似地域乡村景观个性特质的分析，填补鲁中山区乡村景观特质研究的空白。

（2）基于景观特质提出鲁中山区乡村景观的发展模式内容、特征和实施路线：乡村群的划定-个性特质-主体功能-发展模式-规划设计，并提出生态康养型、文化感知型、种植观光型、居住民宿型和艺术表达型5种不同类型的乡村景观特点和方法，在乡村规划设计方法上开辟了一个新的路径，为山区乡村景观发展提供了新的发展方向。

(3) 以西营镇山区乡村景观规划设计为实例，将鲁中山区乡村景观特质与模式的研究理论应用于当前乡村景观建设，对相似地域乡村规划设计具有一定的示范和指导作用。

6.3　研究的不足及展望

6.3.1　研究不足

乡村景观需要研究的内容广泛，涉及更多不同的学科知识，而鲁中山区乡村资料相对匮乏，又限于有限的学识，基础性调研的量化还有待进一步加强。另外，虽然研究形成了鲁中山区乡村景观个性特质评价方法的理论，还有待于更多地实践反馈并加以深入与修正。

6.3.2　研究展望

(1) 运用构建的界定鲁中山区乡村景观个性特质的评价方法展开对其他山区乡村景观的研究，进行理论的深入与修正。

(2) 将鲁中山区乡村景观特质和发展模式的理论运用于更多的山区乡村景观实践，通过实践丰富并修正理论研究内容。

(3) 针对生态康养型、文化感知型、种植观光型、居住民宿型和艺术表达型 5 种不同类型的乡村景观发展模式分别进行深入的理论研究和实践支撑。

附　　录

附录1　鲁中山区乡村概况表

济南西营镇山区乡村	
名称	拔槊泉
简况	西营东北6.75km，71户，220人。村有古名泉拔槊泉。村名来源于唐太宗李世民东征到此插“槊”，拔槊而成泉的故事
建村时间	唐代李世民时期
周边环境	环山
村落形态	带状
非物质文化遗产	无
名称	八石崖
简况	西营西南5.5km，56户，174人。清道光七年（1827年），魏氏迁此建村。因地处多山石崖，故沿称八十崖
建村时间	清道光七年（1827年）
周边环境	背山
村落形态	带状
非物质文化遗产	无
名称	东水峪
简况	位于西营以南4.5km，17户，57人。清代末期，叶氏迁此建村。因地处山峪且有泉又在山岭的东面，称东水峪
建村时间	清代末期
周边环境	环山
村落形态	块状
非物质文化遗产	无
名称	大南营
简况	西营以南2km，389户，1263人。1948年中共济南市委在此布置解放济南的准备工作。县志记载：明崇祯《历城县志》“锦绣川路：南营”，到明代末期，李氏从历城县北滩头，孙氏从曲家庄又先后迁入，后沿称大南营
建村时间	明代
周边环境	环山
村落形态	块状
非物质文化遗产	无

续表

名称	垄窝
简况	位于西营以东4.25km，313户，1052人。唐代，建朝阳寺。民间“先有垄窝村，后建朝阳寺”。俗称水土窝。在村东北处有一山崖高丈余，雨季到来山水从崖上直流而下，将崖根冲出一个大窝。由此水在上，土在下为垄，故沿称村名为垄窝。县志记载：明崇祯《历城县志》“锦绣川路：垄窝”
建村时间	唐代
周边环境	环山
村落形态	块状
非物质文化遗产	无
名称	杜家坡
简况	位于西营以南5km，60户，208人。清嘉庆元年（1796年），称杜金坡，杜、金二氏由遥墙大杜家和济南以西大金庄先后迁此建村而得名
建村时间	清嘉庆元年（1796年）
周边环境	环山
村落形态	带状
非物质文化遗产	无
名称	丁家峪
简况	西营以北2.75km，60户，209人。村处有县级重点文物保护单位元代古洞窟白云洞和古雪花泉。明洪武二年（1369年），王氏迁居于此，清代初，丁氏兄弟从济南以东丁家庄又迁入，以姓氏沿称丁家峪
建村时间	明洪武二年（1369年）
周边环境	沿溪流
村落形态	带状
非物质文化遗产	无
名称	东岭角
简况	位于西营东北2.5km，151户，474人。清代，姚氏由济南以东姚家庄迁此。因建村在一座山岭角下的东面，故沿称东岭角
建村时间	清代
周边环境	沿河流
村落形态	块状
非物质文化遗产	有
名称	傅家峪
简况	位于西营西南2km，35户，104人。清代乾隆年间（1736—1795年），原名杜家峪。因杜姓早居建村而得名。后杜姓户绝，傅姓住户增多，人口兴旺，故改称傅家峪
建村时间	清代乾隆年间（1736—1795年）
周边环境	环山
村落形态	带状
非物质文化遗产	无

续表

名称	阁老村
简况	位于西营以南4km，10户，31人。村有玉泉寺遗址。约在明代，称玉泉寺，村以寺而得名。到清初，李、王二氏先后由滩头等地迁入。因建村在上阁老附近曾修有一庵，改称阁老庵
建村时间	明代
周边环境	沿溪流分布
村落形态	带状
非物质文化遗产	无
名称	黑牛窝
简况	位于西营以南4.5km，29户，111人。曾称牛蹄窝村。清道光六年（1826年），赵氏由章丘县迁此建村。因地处呈黑色的山石梁上，有形似牛蹄窝的石坑窝，故名。后沿称黑牛窝
建村时间	清道光六年（1826年）
周边环境	环山
村落形态	块状
非物质文化遗产	无
名称	红岭
简况	位于西营东北3.75km，60户，179人。清代初期，刘氏由董家庄以北院后迁此。因建村在红岭山峪的河道之口处，故沿称河口
建村时间	清代初期
周边环境	环山
村落形态	块状
非物质文化遗产	无
名称	花甲峪
简况	位于西营以北6.5km，28户，95人。清光绪元年（1875年），住户由济南以东马家庄迁此。因建村在花园岭村下面一条山峪中，故沿称花甲峪
建村时间	清光绪元年（1875年）
周边环境	环山
村落形态	带状
非物质文化遗产	无
名称	花金箐
简况	位于西营以北6.75km，东依大顶山，北邻后岭子。33户，108人。明洪武二年（1369年），湛、王二氏由直隶（河北省）枣强迁此建村。此处山石崖下有一山泉清澈见底，在阳光照射下闪现出五颜六色的光环，故沿称花金箐
建村时间	明洪武二年（1369年）
周边环境	环山
村落形态	带状
非物质文化遗产	无

续表

名称	佛峪
简况	位于西营以东7km，215户，730人。村有县级重点文物保护单位佛峪革命遗址。相传在唐代，曾在此山峪大修庙宇，建有佛爷殿、罗汉庙、姑子庵等，佛教兴盛。因之取名佛峪
建村时间	唐代
周边环境	环山
村落形态	带状
非物质文化遗产	无
名称	黑峪
简况	位于西营西南1.75km，141户，445人。明代，曾名大黑峪。因建村于大黑峪山峪处而得名。县志记载：明崇祯《历城县志》“锦绣川路：大黑峪”
建村时间	明代
周边环境	环山
村落形态	带状
非物质文化遗产	无
名称	后降甘
简况	位于西营以南5km，38户，119人。村北半山腰有古泉岩水泉或胭脂泉。约清宣统年间（1909—1911年），称蔡家沟。因在下降甘蔡氏的山峪沟建村，而得名。后韩、阎二氏迁入。因位于下降甘西山岭之后面，故改称后降甘
建村时间	约清宣统年间（1909—1911年）
周边环境	环山
村落形态	带状
非物质文化遗产	无
名称	后岭子
简况	位于西营以北7km，东邻窝棚峪，南为花金筲。25户，88人
建村时间	清代末期
周边环境	环山
村落形态	块状
非物质文化遗产	无
名称	葫芦峪
简况	位于西营6.5km，144户，445人。县级重点文物保护单位葫芦峪革命遗址（1941年）。建有葫芦峪瀑布群。清乾隆年间（1736—1795年），崔氏先祖由崔家庄最早迁。据崔廷茂“崔昆之碑”记载，乃嘉庆十二年（1807年）方正式建村。因视其地形似葫芦状又地处山峪之中，故沿称葫芦峪
建村时间	清乾隆年间（1736—1795年）
周边环境	环山
村落形态	块状
非物质文化遗产	无

续表

名称	黄鹿泉村
简况	位于西营以北4.25km，203户，737人。王氏迁此建村。相传，当初此处人烟稀少，遍地森林，有黄鹿栖居，村东又有一水泉。故沿称黄鹿泉。民国《续修历城县志》有“东庑乡南保全三：黄鹿泉”的记载
建村时间	明崇祯年间（1628—1644年）
周边环境	环山
村落形态	块状
非物质文化遗产	无
名称	花园岭
简况	位于西营以北6.25km，东北为花金筲，南邻弯弯地，西依双头山。33户，105人。明洪武年间（1368—1398年），湛氏由直隶（河北省）枣强迁此。因建村于寺庙花园附近，故沿称花园岭
建村时间	明洪武年间（1368—1398年）
周边环境	环山
村落形态	带状
非物质文化遗产	无
名称	黄鹿泉顶
简况	位于西营东北5km，南为孔老峪，西邻黄鹿泉，北为弯弯地。30户，80人。明洪武二年（1369年），宋氏建村在黄鹿泉东一座山的顶部，故沿称黄鹿泉顶
建村时间	明洪武二年（1369年）
周边环境	环山
村落形态	块状
非物质文化遗产	无
名称	灰泉子
简况	位于西营东北6km，24户，76人。村有古名泉灰泉。唐代，称灰泉子。相传，唐太宗李世民东征路过，见一泉水质不清，细看，乃泉在背阴处水似灰色而得村中
建村时间	唐代
周边环境	环山
村落形态	带状
非物质文化遗产	无
名称	火窝子
简况	位于西营东北6.25km，31户，90人。清宣统年间（1909—1911年），称高家峪。此处原系章丘县高大亭的一处山庄子而得名。后由积米峪范，袁、刘、朱、李诸户合伙买下高家的地，改称伙窝子，后沿称火窝子
建村时间	清宣统年间（1909—1911年）
周边环境	环山
村落形态	带状
非物质文化遗产	无

续表

名称	孔老峪
简况	位于西营东北 4km，45 户，167 人。起源：清康熙年间（1662—1722 年），称哄老峪。后来取孝敬老人之意，沿称孔老峪
建村时间	清康熙年间（1662—1722 年）
周边环境	环山
村落形态	块状
非物质文化遗产	无
名称	老峪
简况	位于西营以北 7.5km，南邻后岭子，西南为花家峪。90 户，277 人。曾名老峪沟。明洪武二年（1369 年），湛氏由直隶（河北省）枣强迁此建村。因地处深山老峪而得名，沿称老峪
建村时间	明洪武二年（1369 年）
周边环境	环山
村落形态	带状
非物质文化遗产	无
名称	老泉
简况	位于西营西南 4.25km，25 户，92 人。清道光年间（1821—1850 年），寇氏由西营迁此建村。因村北山峪有一古泉，泉水四季常流不断，村以泉得名，故沿称老泉
建村时间	清道光年间（1821—1850 年）
周边环境	环山
村落形态	带状
非物质文化遗产	无
名称	李家庄村
简况	位于西营以西 3km，83 户，294 人。明崇祯年间（1628—1644 年），称涝滩。李氏由庄科迁此建村。当时，因地处水源丰富，泉水可破土而出故名。后来因村中多为李姓住户，改称李家庄
建村时间	明崇祯年间（1628—1644 年）
周边环境	环山
村落形态	块状
非物质文化遗产	无
名称	栗行
简况	位于西营西南 2.75km，21 户，85 人。起源：清宣统年间（1909—1911 年），徐氏由王合村此建村。因此处栗树成林，盛产板栗，故沿称栗行
建村时间	清宣统年间（1909—1911 年）
周边环境	环山
村落形态	块状
非物质文化遗产	无

续表

名称	栗林沟
简况	位于西营以南6km，41户，121人。起源：清道光六年（1826年），称栗岭沟。杨氏由上降甘迁此建村。因地处山峪沟，栗树成林满山坡而得名。后沿称栗林沟
建村时间	清道光六年（1826年）
周边环境	带状
村落形态	环山
非物质文化遗产	无

名称	林枝村
简况	位于西营以东8.5km，东、南、北三面皆邻章丘市境，西为白炭窑。108户，361人。设林枝村民委员会。起源：清道光二年（1822年），田氏由田家庄迁此建村。因地处深山陡峪之间，当年树木成林，枝叶繁茂。故沿称林枝
建村时间	清道光二年（1822年）
周边环境	环山
村落形态	带状
非物质文化遗产	无

名称	后岭子村
简况	位于西营东南4.75km，65户，204人。清代，马氏由历城韩仓迁此。因建村在一山岭之后，故沿称后岭子村
建村时间	清代
周边环境	环山
村落形态	带状
非物质文化遗产	无

名称	遛马岭
简况	位于西营东北6.75km，22户，59人。相传，唐太宗李世民东征时曾在此驻扎兵营，因此处山顶平坦，将士们常在此遛马而得村名。清道光年间，张氏迁入，仍称遛马岭
建村时间	唐太宗李世民时期
周边环境	环山
村落形态	带状
非物质文化遗产	无

名称	龙湾
简况	位于西营以北6.5km，571户，1925人。农历二、七日逢集。曾名老龙湾。村边有一个大湾，湾中有块形似龙状的石头而得名。后沿称龙湾
建村时间	明洪武二年（1369年）
周边环境	丘陵
村落形态	块状
非物质文化遗产	无

续表

名称	南石灰峪
简况	位于西营以南6.75km，23户，68人。清道光六年（1826年），称石棚峪。因此处山峪有一天然形成的大石棚而得名。吕氏迁此。后沿称南石灰峪
建村时间	清道光六年（1826年）
周边环境	环山
村落形态	带状
非物质文化遗产	无
名称	藕池村
简况	位于西营东南5.5km，116户，380人。村民来历及沿革与下藕池同。清顺治年间（1644—1661年），姚、刘二氏迁入。其村位上，沿称上藕池
建村时间	清代
周边环境	环山
村落形态	块状
非物质文化遗产	无
名称	乔峪
简况	位于西营东北3.5km，163户，502人。清嘉庆二十年（1815年），乔氏建村在山峪之处，以姓氏得名。后乔姓户虽绝，仍称乔峪
建村时间	清嘉庆二十年（1815年）
周边环境	环山
村落形态	带状
非物质文化遗产	无
名称	山东头庄
简况	位于西营以南4km，20户，88人。清乾隆年间（1736—1795年），赵氏建村在阁老庵的东山头处，故沿称山东头庄
建村时间	清乾隆年间（1736—1795年）
周边环境	环山
村落形态	块状
非物质文化遗产	无
名称	上降甘村
简况	位于西营以南6.25km，148户，484人。村名来历及沿革与下降甘同，后沿称上降甘
建村时间	唐代
周边环境	环山
村落形态	带状
非物质文化遗产	无

续表

名称	上罗伽村
简况	位于西营以南3.5km，139户，390人。相传，唐开元年间（714—741年），俗称罗伽村。据村中碑文记载：清光绪年间曾重修过观音庙。因“观音”原居南海罗伽山，故名。后因其庙居村中，将村分为上、下两个村，此处位上，故沿称上罗伽。县志记载：明崇祯《历城县志》“锦乡川路：罗蟹”
建村时间	唐开元年间（714—741年）
周边环境	环山
村落形态	块状
非物质文化遗产	无
名称	石佛峪村
简况	位于西营西南5km，26户，62人。村有县级重点文物保护单位明代石佛峪造像。清代，孔氏由曲阜迁此建村。相传，此处山涧原有两只“金鸡”，一位南方人以雕刻石佛造像为名，将其金鸡盗走。后沿称村名石佛峪
建村时间	清代
周边环境	环山
村落形态	块状
非物质文化遗产	无
名称	石灰峪
简况	位于西营西南4.25km，8户，19人。约清宣统年间（1909—1911年），原名石棚峪。董氏迁此建村。因地处一条自然形成的石棚峪沟得名。后称石灰峪
建村时间	约清宣统年间（1909—1911年）
周边环境	背山临水
村落形态	带状
非物质文化遗产	无
名称	石岭村
简况	位于西营以北3.5km，391户，1410人。明洪武二年（1369年），杨、范、李、高诸氏建村在石岭子和石岭河近处，故沿称石岭。县志记载：明崇祯《历城县志》“历山东路：石岭”
建村时间	明洪武二年（1369年）
周边环境	环山
村落形态	块状
非物质文化遗产	无
名称	算盘
简况	位于西营东南4.5km，58户，197人。有算盘村革命遗址（1942—1945年）。清同治五年（1866年），马氏李氏建村在算盘岭附近，故沿称算盘
建村时间	清同治五年（1866年）
周边环境	环山
村落形态	块
非物质文化遗产	无

续表

名称	西积米峪
简况	位于西营东北 4.5km，109 户，380 人。村名来历及沿革与东积米峪同。明末，逯氏又迁入。后沿称西积米峪
建村时间	唐代
周边环境	背山临水
村落形态	块状
非物质文化遗产	无
名称	梯子山
简况	位于西营以南 8km，东邻泰安市岱岳区黑峪，38 户，141 人。为历城海拔最高村。村口有千年古栗树一株，村内有南泉、寒泉、洪泉等为锦绣川水发源地。清光绪年间（1875—1908 年），张氏建村于梯子山处，故以山得名
建村时间	清光绪年间（1875—1908 年）
周边环境	背山
村落形态	带状
非物质文化遗产	无
名称	围泉子峪
简况	位于西营西南 4.5km，2 户，6 人。乾隆二年（1737 年），尹、李二氏迁此建村，因地处山峪有五个山泉环绕着，故沿围泉子峪
建村时间	清乾隆二年（1737 年）
周边环境	环山
村落形态	块状
非物质文化遗产	无
名称	天晴峪
简况	位于西营以东 5km，222 户，694 人。相传唐太宗李世民东征，沿途阴雨连绵，行军艰难。当路过此地时，忽然风起云散，雨过天晴，故而得名天晴峪。县志记载：清乾隆《历城县志》“东南乡南保泉三：天青峪”
建村时间	唐太宗李世民时期
周边环境	环山
村落形态	块状
非物质文化遗产	无
名称	下罗伽村
简况	位于西营以南 3km，162 户，525 人。村名来历及沿革与上罗伽同，此处位下，后沿称下罗伽
建村时间	唐开元年间（714—741 年）
周边环境	环山
村落形态	块状

续表

非物质文化遗产	无
建村时间	民国五年（1916 年）
周边环境	环山
村落形态	带状
非物质文化遗产	无
名称	西岭角
简况	位于西营东北 2km，锦绣川北岸。408 户，1429 人。有明代古槐一株。曾名岭角庄。明洪武二年（1369 年），王氏由直隶（河北省）枣强迁此，因建村在山岭角下而得名。县志记载：明崇祯《历城县志》“锦绣川川：岭角庄”后因地处山岭之西，故沿称西岭角
建村时间	明洪武二年（1369 年）
周边环境	邻河
村落形态	块状
非物质文化遗产	无
名称	下降甘
简况	位于西营以南 5.25km，156 户，508 人。唐代，曾称箭杆村。相传唐太宗李世民东征在大南营驻军时，曾射箭操练兵马，故名。县志记载：明崇祯《历城县志》“锦阳川路：枪杆”，另外村北清同治八年（1869 年）所立官地官居槐则载为箭杆村。后来逐渐叫成降甘村，又分为上、下两个村，此处位下，故沿称下降甘
建村时间	唐代
周边环境	环山
村落形态	带状
非物质文化遗产	无
名称	小东沟
简况	位于西营以东 7.25km，47 户，166 人。约在明崇祯年间（1628—1644 年），李氏由章丘县李家埠迁此建村，因与佛峪仅一河之隔，又位于河沟之东，故沿称小东沟
建村时间	约明崇祯年间（1628—1644 年）
周边环境	环山
村落形态	带状
非物质文化遗产	无
名称	小角岭
简况	位于西营东北 2.25km，55 户，169 人。清宣统年间（1909－1911 年），张、林二氏先后由历城县北滩头和坝子迁此。因建村在一山岭角下，故沿称小角岭
建村时间	清宣统年间（1909—1911 年）
周边环境	背山临水
村落形态	块状
非物质文化遗产	无

续表

名称	小南营
简况	位于西营以南2.5km，107户，393人。清代，曾称蟠龙庄。李、丁二氏分别由坝子和丁家庄先后迁居于此。因建村在蟠龙山处而得名。到民国初，因靠近大南营而改称小南营
建村时间	清代
周边环境	临水
村落形态	块状
非物质文化遗产	无
名称	野河沟
简况	位于西营以东5.25km，20户，81人。清道光年间（1821—1850年），刘氏由港沟以南两河迁此建村。因地处荒山野坡和一河沟旁边，故沿称野河沟
建村时间	清道光年间（1821—1850年）
周边环境	环山
村落形态	带状
非物质文化遗产	无
名称	鸭子泉
简况	位于西营东北4.25km，24户，83人。清咸丰年间（1851—1861年），尹氏由积米峪迁此建村。当时，因地处有一山泉，泉边又有水湾，鸭子常在湾中戏水，故沿称鸭子泉
建村时间	清咸丰年间（1851—1861年）
周边环境	环山
村落形态	带状
非物质文化遗产	无
名称	野鸡坡
简况	位于西营西南5km，23户，54人。清道光年间（1821—1850年），李氏由花园岭迁此建村。因此处山坡杂草丛生野鸡颇多，故沿称野鸡坡
建村时间	清道光年间（1821—1850年）
周边环境	环山
村落形态	块状
非物质文化遗产	无
名称	叶家坡
简况	西营以南5km，34户，109人。清乾隆元年（1736年），叶氏由章丘县叶亭山迁此。因建村在山坡处，故沿称叶家坡
建村时间	清乾隆元年（1736年）
周边环境	环山
村落形态	块状
非物质文化遗产	无

续表

名称	营南坡
简况	位于西营以南1km，84户，257人。村南有古泉会仙泉。清康熙年间（1662—1722年），段氏由郭店迁此。因建村在西营之南山坡，故沿称营南坡
建村时间	清康熙年间（1662—1722年）
周边环境	环山
村落形态	带状
非物质文化遗产	无
名称	枣林
简况	位于西营以东5.75km，286户，936人。农历三、八日逢集。村北有一棵粗壮高大的古树平柳。明代曾名枣林庄，因枣树林子满山坡而得名。县志记载：明崇祯《历城县志》“锦绣川路：枣林”
建村时间	明代
周边环境	环山
村落形态	块状
非物质文化遗产	无
名称	智公泉
简况	位于西营西南4km，53户，155人。村有古名泉智公泉。相传唐代即称智公泉。曾有位智公和尚在此居住，建村处有一山泉而得村名。到清乾隆年间，盖氏从张家坡又迁入，仍称智公泉
建村时间	唐代
周边环境	环山
村落形态	块状
非物质文化遗产	无
名称	苗家峪
简况	位于西营西南3km，41户，121人。清光绪年间（1875—1908年），苗氏由港沟以东的章锦迁此定居（苗姓户已绝）。因建村于山峪处，沿称苗家峪
建村时间	清光绪年间（1875—1908年）
周边环境	环山
村落形态	带状
非物质文化遗产	无
名称	赵家庄
简况	位于西营以东5.5km，98户，305人。村西有朝阳寺遗址。清乾隆三十一年（1766年），赵氏由葫芦峪迁建村，以姓氏得名
建村时间	清乾隆三十一年（1766年）
周边环境	环山
村落形态	带状
非物质文化遗产	无

续表

名称	白炭窑村
简况	位于西营以东7km，118户，452人。明代，胡、李二氏由吴桥迁此建村。因村民多以建窑烧木炭为业，有白、黑两种，尤以白色木炭为好，故沿称称白炭窑。县志记载：明崇祯《历城县志》“锦绣川路：白炭窑”，清康熙《历城县志》“锦绣川路：白炭窑”
建村时间	明代
周边环境	背山临水
村落形态	带状
非物质文化遗产	无
名称	北碾糟
简况	位于西营东南4km，39户，138人。清宣统年间（1909—1911年），高氏由石岭迁此建村。因此处位于一形似碾盘的岩石之北，故沿称北碾糟
建村时间	清宣统年间（1909—1911年）
周边环境	环山
村落形态	带状
非物质文化遗产	无
名称	藏主庵
简况	位于西营以南5.75km，49户，154人。唐代称唐主庵。相传唐太宗李世民东征时，因战事失利兵困于此。后经养精蓄锐，演练兵马，再战而胜之。为此曾修建“唐主庵”以示纪念，遂得村名。明洪武二年（1369年），李氏迁入，后来沿称藏主庵
建村时间	唐代
周边环境	环山
村落形态	块状
非物质文化遗产	无
莱芜山区乡村	
名称	上亓家峪村
简况	地处莱芜南部山区，距莱城约9km，四面环山。村内现有65户，191人。 清乾隆三十年间，亓氏建村。因址在山峪中，曾名亓家峪。后因重名，改称上亓家峪村
建村时间	清乾隆三十年间
周边环境	环山
村落形态	块状
非物质文化遗产	无
名称	后王家峪村
简况	莱城南15km，山前有前王家峪村，东邻杨家峪，西与上下亓家峪村相连。北邻井峪村。村庄四面环山，仅有一条主路，约有人口237人

续表

建村时间	清朝
周边环境	环山
村落形态	带状
非物质文化遗产	无
名称	赵家峪村
简况	距莱城约15km，共有102户，374人，由于村庄三面环山，该村庄赵家为首，又处在山峪之中，故名赵家峪村。赵家峪村还有一个传说，最初是由毛、亓、于、朱先来立庄，由于他们四姓人烟不旺，没有立住村庄。后来赵家来到本村，人烟旺盛，才取名赵家峪村。现在全村共有六姓，以赵为大姓
建村时间	年代无考
周边环境	依山傍水
村落形态	块状
非物质文化遗产	无
名称	井峪村
简况	位于莱城西南10km，东、西、南三面环山，现有862人。据清康熙《莱芜县志》记载："汶南保·井峪"。明朝中叶，亓姓建村。村内有一石崖，崖下有一山泉，泉水长年不断，且清澈甘甜。村人在泉旁立一石碑，上刻"泉龙庄"字样。后来，人们在泉的周围挖井多眼，并且都在山峪之中，故名井峪村
建村时间	明朝中期
周边环境	环山
村落形态	块状
非物质文化遗产	无
泰安山区乡村	
名称	寺河村
简况	寺河村是具有光荣传统的革命老区，坐落在风景秀丽的洞阳山下，典型的丘陵地区。有580户，1230人，据记载，清朝年间，康熙皇帝因巡路经寺河村西北山中的一座寺庙，曾在此落脚住宿，故该寺后改名为圣落寺，又因寺庙前经一河流，有寺有河，故寺河则源名于此
建村时间	清康熙年间
周边环境	环山
村落形态	块状
非物质文化遗产	无
名称	边家庄村
简况	边家庄村属娄烦县马家庄乡东大门，全村有280户，1124人，边家庄地势较低，风力小，气候温和，适宜花椒生长，为当地主要经济作物
建村时间	年代无考
周边环境	依山傍水
村落形态	块状
非物质文化遗产	无

续表

名称	东城村
简况	东城村距泰安城5km，地处山区，聚落略呈方形，有200户，800人。村落形成年代无考，汉武帝元封二年（前109年）东巡时路过泰山，有人献明堂图，传名堂图为黄帝时期之物。明堂图中有一殿，四面无壁，以茅篷盖之，通水环宫垣为复道，台上有楼。武帝遂依照此图建明堂于汶水之上
建村时间	年代无考
周边环境	环山
村落形态	块状
非物质文化遗产	无
名称	西祥沟村
简况	西祥沟村位于下港乡驻地东北3.5km，泰山北麓，地处山区，清乾隆年间建村，151户，474人，近期发现的“仙女石”“仙人洞”就位于该村
建村时间	大约250年前
周边环境	环山
村落形态	块状
非物质文化遗产	无
名称	东榭坡
简况	东榭坡村位于下港乡驻地东2.5km，泰山北麓。清乾隆年间建村，地处山区，65户，176人
建村时间	大约250年前
周边环境	环山
村落形态	块状
非物质文化遗产	无
名称	陈家沟
简况	陈家沟村位于下港乡驻地东4.3km，泰山北麓，清乾隆年间建村，地处山区，30户，102人
建村时间	大约250年前
周边环境	环山
村落形态	带状
非物质文化遗产	无
名称	白塘
简况	白塘村位于下港乡驻地东5.2km，泰山北麓。15户，40人
建村时间	大约250年前
周边环境	环山
村落形态	块状
非物质文化遗产	无
名称	砖瓦窑
简况	砖瓦窑村位于下港乡驻地东3.9km，泰山北麓。地处山区，清乾隆年间建村，38户，128人

续表

建村时间	大约250年前
周边环境	环山
村落形态	带状
非物质文化遗产	无
淄博山区乡村	
名称	苗口峪村
简况	淄博寨里镇苗峪口村，紧挨双旭村、孤山村、西崖村、朱水湾村，距县道淄中路1700m左右，四季分明，民风淳朴
建村时间	明末清初
周边环境	环山
村落形态	带状
非物质文化遗产	无
名称	双旭村
简况	淄博市寨里镇双旭村，紧挨苗口峪村、孤山村、西崖村、朱水湾村，距县道淄中路500m左右，历史悠久，依山傍水
建村时间	明末清初
周边环境	环山
村落形态	带状
非物质文化遗产	无
名称	西崖村
简况	淄博市寨里西崖村，紧挨苗口峪村、孤山村、双旭村、朱水湾村，明末清初建村，距县道淄中路700m左右
建村时间	明末清初
周边环境	环山
村落形态	带状
非物质文化遗产	无
名称	朱水湾村
简况	淄博市淄川区寨里镇朱水湾村，淄博市寨里镇双旭村，紧挨苗口峪村、孤山村、西崖村、双旭村，明末清初建村，距县道淄中路2500m左右，历史悠久，依山傍水，历史悠久，绿荫成林
建村时间	明末清初
周边环境	环山
村落形态	带状
非物质文化遗产	无
名称	孤山村
简况	淄博市黑旺镇，紧挨柏花村、梧风村、苗口峪村、西崖村，距县道淄中路约1000m，人杰地灵，民风淳朴

续表

建村时间	明末清初
周边环境	环山
村落形态	块状
非物质文化遗产	无
名称	上端士村
简况	上端士村始于明朝，最开始叫做椴树村，后来取谐音叫上端士村。村里的明清时期的民居保存了130多套，较完好的石头房还有200多间，村里的百年古树有几十棵，石磨和石碾较多
建村时间	明朝
周边环境	环山
村落形态	带状
非物质文化遗产	无
名称	下端士村
建村时间	明朝
简况	下端士村是典型的低山丘陵区，经济树主要以柿子、软枣、山楂、花椒为主，木材树以槐树、梧桐树、柳树等温带落叶阔叶林为主。居民174户，473人
周边环境	环山
村落形态	带状
非物质文化遗产	无
名称	十亩地村
简况	十亩地村有135户，417人。村民文化娱乐活动以广场舞为主，周边主要地方戏剧种是吕剧。清中期建村。村址原系东岛坪李姓土地名十亩地，成村后以地得名
建村时间	清中期
周边环境	环山
村落形态	块状
非物质文化遗产	无
名称	西岛坪村
简况	由明代外乡人迁入而形成的传统村落。村内传统建筑占整个村庄的80%。该村民居依山而建，用材均为石材，道路均为石板路、石台阶或石砌路面。西岛坪村的剪纸和油炸肉蛋都是传承数十年的非物质文化遗产。西岛坪村具有丰富的历史文化旅游资源
建村时间	明代
周边环境	环山
村落形态	带状
非物质文化遗产	剪纸和油炸肉蛋等

续表

名称	石安峪村
简况	石安峪村是淄川区峨庄的一个小山村，藏在深山之中，俗称山峪。村民多姓单，又称单峪。据说这里的村民在明朝时期曾躲过朱元璋的屠杀、抗日战争时期躲过日寇的屠杀，又名闪峪。现取谐音称为石安峪。石安峪的红叶被专家誉为是淄博红叶的精品
建村时间	明朝
周边环境	环山
村落形态	带状
非物质文化遗产	无

附录2　村民问卷调查表：乡村基本情况的问卷

尊敬的乡亲们：

您好！衷心感谢您在百忙之中抽出时间填写该问卷。我是××××××观赏园艺学专业规划设计与造景艺术方向的博士研究生，正在进行山区乡村景观的相关研究，该研究将构建基于景观特质的乡村景观发展模式和规划设计。真诚感谢您在百忙中的合作！

乡 村 基 本 情 况	
村庄地点	山东省济南市西营镇（　）村，距省道距离（　）
人口户数	村里登记的总户数（　）户， 村里登记的总人口（　）人，常住的（　）人
您的年龄	80以上（　），60～80（　） 40～60（　），20～40（　） 10～20（　），10以下（　）
您的工作	长期在外打工（　），白天打工晚上回来（　） 在村里从事农业生产（　），村里从事其他产业（　）
您家庭的收入	家庭年均收入　◎3千～5千元　◎5千～1万元　◎1万～3万元　◎3万～5万元　◎5万元以上 年收入来源（√）：农业生产（　）　养殖业（　）　旅游服务（　）　其他产业（　）
基础设施 （认为满意的打√）	取水（　）　排水（　）　能源（　）　垃圾处理（　）　学校（　）　卫生室（　） 小卖部（　）　道路硬化（　）
乡村非物质文化遗产情况	
表演艺术	◎有　◎无，若有请填写具体名称（　　　　　　　　　　　　）
节庆活动	◎有　◎无，若有请填写具体名称（　　　　　　　　　　　　）
语言文字	◎有　◎无，若有请填写具体名称（　　　　　　　　　　　　）
名人典故	◎有　◎无，若有请填写具体名称（　　　　　　　　　　　　）
传统手工艺	◎有　◎无，若有请填写具体名称（　　　　　　　　　　　　）

附录3　村民问卷调查表：乡村的感知问卷

尊敬的乡亲们：

您好！衷心感谢您在百忙之中抽出时间填写该问卷。我是******观赏园艺学专业规划设计与造景艺术方向的博士研究生，正在进行山区乡村景观的相关研究，该研究将构建基于景观特质的乡村景观发展模式和规划设计。真诚感谢您在百忙中的合作！

村庄地点	山东省济南市西营镇（　）村，距省道距离（　）
您认为本村区别于邻村的特质	（　）有鲜明特质（农业景观、自然风景、特色民居、文物遗产、非物质文化遗产、其他）
	（　）无鲜明特质
您未离开乡村的原因（排序）	（　）家有老人或自己年龄太大（　）乡村慢生活方式 （　）优美环境
您或家人已离开乡村的原因（排序）	（　）经济（　）教育（　）医疗（　）卫生（　）交通
您仍希望在乡村居住的条件（排序）	（　）经济收入的提高（　）教育医疗卫生等服务设施配备 （　）交通便捷（　）环境更加优美（　）居住更加舒适
您或家人从外地回到乡村发展生活的条件（排序）	（　）经济收入的提高（　）教育医疗卫生等服务设施配备 （　）交通便捷（　）环境更加优美（　）居住更加舒适
您热爱您的的乡村吗	（　）爱（　）不爱（　）一般
您对村内现有老房子的看法是	（　）不愿意居住，但加以保护改造 （　）愿意居住，适当改造 （　）不愿意居住，彻底改造
您对古树的态度是	（　）风水树，要保护（　）顺其自然（　）可人为伐除
最主要的道路	用线在村庄平面图上标示
最主要的活动场地	用圆圈在村庄平面图上标示
最主要的乡村标志	用三角在村庄平面图上标示
最主要的面状区域	用斜线在村庄平面图上标示

附录4　专业人士和旅游人士问卷调查表：乡村的感知问卷

您好！

衷心感谢您在百忙之中抽出时间填写该问卷。我是******观赏园艺学专业规划设计与造景艺术方向的博士研究生，正在进行山区乡村景观的相关研究，该研究将构建基于景观特质的乡村景观发展模式。真诚感谢您在百忙中的合作！

村庄地点	山东省济南市西营镇（　）村，距省道距离（　）
您认为的乡村特质（√）	（　）有鲜明特质（农业景观、自然风景、特色民居、文物遗产、非物质文化遗产、其他）
	（　）无鲜明特质
您来乡村的原因（√）	（　）特意来旅游（　）不经意
乡村吸引您的地方（排序）	（　）经济（　）教育（　）基础设施（　）交通（　）生态环境（　）民居建筑（　）街巷空间（　）集会文化空间（　）村民的生活体验
您认为的乡村问题（排序）	（　）经济（　）教育（　）基础设施（　）交通（　）生态环境、民居建筑
您还会再来吗（√）	（　）不会，因为交通（　）设施（　）项目参与性（　）景观多样性欠缺（　）环境无特色
	（　）会，因为蓝天（　）食物（　）山体（　）民居
您热爱这个乡村吗（√）	（　）爱（　）不爱（　）一般
您对村内现有老房子的看法是（√）	（　）不愿意居住，但加以保护改造（　）愿意居住，适当改造（　）不愿意居住，彻底改造
您对古树的态度是（√）	（　）风水树，要保护（　）顺其自然（　）可人为伐除
最主要的道路	用线在村庄平面图上标示
最主要的活动场地	用圆圈在村庄平面图上标示
最主要的乡村标志	用三角在村庄平面图上标示
最主要的面状区域	用斜线在村庄平面图上标示

附录5　山区乡村景观个性特质评价指标专家咨询表（第一轮）

尊敬的专家：

您好！衷心感谢您在百忙之中抽出时间填写该表格。我是＊＊＊＊＊＊观赏园艺学专业规划设计与造景艺术方向的博士研究生，正在进行山区乡村景观个性特质评价初选指标的确定研究，鉴于您在相关领域的高深造诣，特征求您的意见，以科学合理的制定评价指标。

感谢您的支持！

选择原则：

要素指标的选择：请勾选出您认为最重要的9个要素指标。

功能指标的选择：请勾选出要素指标对应的3个以内（包含3个）功能指标。

	要素指标层	要素指标勾选（√）	功能指标层	功能指标勾选（√）
目标层：乡村景观特质评价	村落格局		安全性与交通便捷性	
			格局形态	
	景观形态		平面形态	
			立面形态	
	农业景观		特色性	
			持久性	
			尺度性	
	其他产业景观		特色性	
			持久性	
			尺度性	
	民居建筑		悠久性	
			美观性	
			特色性	
			安全性	
	庭院空间		丰富性	
			特色性	
			适用性	
	街巷景观		形式美观性	
			空间丰富性	
			行走舒适性	
			交通便利性	

续表

	要素指标层	要素指标勾选（√）	功能指标层	功能指标勾选（√）
目标层：乡村景观特质评价	文化集会空间		空间感染性	
			空间可达性	
			尺度适宜性	
	山体景观		山体生态性	
			山体景观性	
			山体完整性	
	水体景观		水系生态性	
			水系景观性	
			水系亲水性	
	气象景观		气象多变性	
			气象特色性	
	植物景观		植物季相性	
			植物覆盖率	
			植物多样性	
			植物生命力	
	土石景观		土石特色性	
			土石应用性	
	精神文化		文化吸引力	
			文化本土性	

您的建议：

附录 6　山区乡村景观个性特质评价指标专家咨询表（第二轮）

尊敬的专家：

您好！衷心感谢您在百忙之中抽出时间填写该表格。经过第一轮山区乡村景观个性特质评价指标专家意见咨询，对乡村景观个性特质评价的初选指标进行了校正，得到新的评价指标体系，我们再次邀请您对重新调整的指标体系予以选择。感谢您的支持。

选择原则：

要素指标的选择：请勾选出您认为最重要的 9 个要素指标。

功能指标的选择：请勾选出您认为最重要的 16 个功能指标。

	要素指标层	要素指标勾选（√）	功能指标层	功能指标勾选（√）
目标层：乡村景观特质评价	村落格局		安全性与交通便捷性	
			格局形态	
	农业景观		特色性	
	民居建筑		悠久性	
			美观性	
			特色性	
	街巷景观		形式美观性	
			空间丰富性	
			行走舒适性	
	文化集会空间		空间感染性	
	山体景观		山体生态性	
			山体景观性	
			山体完整性	
	水体景观		水系生态性	
			水系景观性	
			水系亲水性	
	植物景观		植物季相性	
			植物覆盖率	
			植物多样性	
			植物生命力	
	精神文化		文化吸引力	
			文化本土性	
	土石景观		土石特色性	
			土石应用性	

附录7　山区乡村景观个性特质评价指标相对重要性专家咨询表

尊敬的专家：

您好！衷心感谢您在百忙之中抽出时间填写山区乡村景观个性特质评价指标相对重要性的表格。

感谢您的支持！

评分标准如下：

得分	含　　义
1	两因素具有同样的重要性
3	两因素比较，一个因素比另一因素稍微重要
5	两因素比较，一个因素比另一因素明显重要
7	两因素比较，一个因素比另一因素强烈重要
9	两因素比较，一个因素比另一因素极端重要
2、4、6、8	上述相邻判断的中间值

若重要性相反，则赋上述值的倒数，即1/2、1/3、…、1/8、1/9

请根据评分标准，填写下列表格（只需填写空白处即可）：

A 乡村景观特质评价	A 乡村景观特质评价								
	B_1 村落格局	B_2 农业景观	B_3 民居建筑	B_4 街巷景观	B_5 文化集会空间	B_6 山体景观	B_7 水体景观	B_8 植物景观	B_9 精神文化
B_1 村落格局	1								
B_2 农业景观		1							
B_3 民居建筑			1						
B_4 街巷景观				1					
B_5 文化集会空间					1				
B_6 山体景观						1			
B_7 水体景观							1		
B_8 植物景观								1	
B_9 精神文化									1

B_3 民居建筑	B_3 民居建筑		
	C_3 悠久性	C_4 美观性	C_5 特色性
C_3 悠久性	1		
C_4 美观性		1	
C_5 特色性			1

B_4 街巷景观	B_4 街巷景观	
	C_6 形式美观性	C_7 空间丰富性
C_6 形式美观性	1	
C_7 空间丰富性		1
B_6 山体景观	B_6 山体景观	
	C_9 生态性	C_{10}美观性
C_9 生态性	1	
C_{10}美观性		1
B_7 水体景观	B_7 水体景观	
	C_{11}生态性	C_{12}美观性
C_{11}生态性	1	
C_{12}美观性		1
B_8 植物景观	B_8 植物景观	
	C_{13}季相性	C_{14}覆盖率
C_{13}季相性	1	
C_{14}覆盖率		1
B_9 精神文化	B_9 精神文化	
	C_{15}文化吸引力	C_{16}文化本土性
C_{15}文化吸引力	1	
C_{16}文化本土性		1
B_4 街巷景观	B_3 民居建筑	
	形式美观性	空间丰富性
形式美观性	1	
空间丰富性		1

附录8　山区乡村景观个性特质评价功能指标标准专家咨询表

尊敬的专家：

您好！衷心感谢您在百忙之中抽出时间填写山区乡村景观个性特质评价功能指标含义的表格。

感谢您的支持！

填写方法：在对应的指标含义后面填写（√）或（×）。

同意打（√）。

不同意的打（×），并填写对应建议。

<table>
<tr><th>功能指标</th><th>赋值</th><th colspan="2">标　准</th><th>√或×</th><th>建　议</th></tr>
<tr><td rowspan="5">安全和便捷评价指标</td><td>5</td><td colspan="2">乡村与城市干道有一定距离，沿途景观绿化好</td><td></td><td></td></tr>
<tr><td>4</td><td colspan="2">乡村与城市主干道有一定距离，沿途景观绿化较好</td><td></td><td></td></tr>
<tr><td>3</td><td colspan="2">乡村与城市主干道有一定距离，沿途景观绿化一般</td><td></td><td></td></tr>
<tr><td>2</td><td colspan="2">乡村与城市主干道的距离较远，不便捷</td><td></td><td></td></tr>
<tr><td>1</td><td colspan="2">乡村与城市主干道距离很远或者与城市主干道紧密相连</td><td></td><td></td></tr>
<tr><td rowspan="5">农业景观特色性</td><td>5</td><td colspan="2">生长基址特色性强，品种特色强</td><td></td><td></td></tr>
<tr><td>4</td><td colspan="2">生长基址特色性强，品种特色性较强</td><td></td><td></td></tr>
<tr><td>3</td><td colspan="2">生长基址特色性较强，品种特色性较强</td><td></td><td></td></tr>
<tr><td>2</td><td colspan="2">生长基址特色性一般（较强），品种特色性较强（一般）</td><td></td><td></td></tr>
<tr><td>1</td><td colspan="2">生长基址一般，品种一般</td><td></td><td></td></tr>
<tr><td rowspan="5">集会文化空间感染性</td><td>5</td><td colspan="2">较多的历史要素，印象深刻，对之前的乡村活动产生丰富联想</td><td></td><td></td></tr>
<tr><td>4</td><td colspan="2">较多的历史要素，印象较深刻，对之前的乡村活动产生较多联想</td><td></td><td></td></tr>
<tr><td>3</td><td colspan="2">历史要素不多，印象较深刻，对之前的乡村活动产生较多联想</td><td></td><td></td></tr>
<tr><td>2</td><td colspan="2">历史要素很少，印象不深刻，对之前的乡村活动产生的联想不多</td><td></td><td></td></tr>
<tr><td>1</td><td colspan="2">无历史要素，无印象，对之前的乡村活动产生不了联想</td><td></td><td></td></tr>
<tr><td rowspan="5">民居建筑美观性</td><td>5</td><td>很高</td><td rowspan="5">对民居建筑整体的感官印象留下的美的程度，包括样式、色彩、布局、装饰等方面</td><td></td><td></td></tr>
<tr><td>4</td><td>高</td><td></td><td></td></tr>
<tr><td>3</td><td>较高</td><td></td><td></td></tr>
<tr><td>2</td><td>中</td><td></td><td></td></tr>
<tr><td>1</td><td>低</td><td></td><td></td></tr>
</table>

续表

<table>
<tr><th>功能指标</th><th>赋值</th><th colspan="2">标 准</th><th>√或×</th><th>建 议</th></tr>
<tr><td rowspan="5">民居建筑特色性</td><td>5</td><td>很高</td><td rowspan="5">建筑的布局、墙体、屋顶、门窗、装饰的地方特色</td><td></td><td></td></tr>
<tr><td>4</td><td>高</td><td></td><td></td></tr>
<tr><td>3</td><td>较高</td><td></td><td></td></tr>
<tr><td>2</td><td>中</td><td></td><td></td></tr>
<tr><td>1</td><td>低</td><td></td><td></td></tr>
<tr><td rowspan="5">民居建筑悠久性</td><td>5</td><td>>100 年</td><td rowspan="5">鲁中山区乡村民居年代距今的年限</td><td></td><td></td></tr>
<tr><td>4</td><td>70～100 年</td><td></td><td></td></tr>
<tr><td>3</td><td>50～70 年</td><td></td><td></td></tr>
<tr><td>2</td><td>20～50 年</td><td></td><td></td></tr>
<tr><td>1</td><td><20 年</td><td></td><td></td></tr>
<tr><td rowspan="5">街巷形式的美观性</td><td>5</td><td>很高</td><td rowspan="5">街巷底界面和垂直界面的材料、色彩、质感营造了美观的街巷形式</td><td></td><td></td></tr>
<tr><td>4</td><td>高</td><td></td><td></td></tr>
<tr><td>3</td><td>较高</td><td></td><td></td></tr>
<tr><td>2</td><td>中</td><td></td><td></td></tr>
<tr><td>1</td><td>低</td><td></td><td></td></tr>
<tr><td rowspan="5">街巷空间的丰富性</td><td>5</td><td>很高</td><td rowspan="5">街巷道路宽度和高度不同的比例形成了开敞空间、半开敞空间和封闭空间的多种空间类型，墙体、山体、田野不同界面的多种空间类型</td><td></td><td></td></tr>
<tr><td>4</td><td>高</td><td></td><td></td></tr>
<tr><td>3</td><td>较高</td><td></td><td></td></tr>
<tr><td>2</td><td>中</td><td></td><td></td></tr>
<tr><td>1</td><td>低</td><td></td><td></td></tr>
<tr><td rowspan="5">山体景观生态性</td><td>5</td><td colspan="2">山体很完整、植物全覆盖性</td><td></td><td></td></tr>
<tr><td>4</td><td colspan="2">山体很完整、植物覆盖性较高</td><td></td><td></td></tr>
<tr><td>3</td><td colspan="2">山体完整性较高、植物覆盖性较高</td><td></td><td></td></tr>
<tr><td>2</td><td colspan="2">山体完整性一般、植物覆盖性一般</td><td></td><td></td></tr>
<tr><td>1</td><td colspan="2">山体完整性较差、植物覆盖性较差</td><td></td><td></td></tr>
<tr><td rowspan="5">山体景观观赏性</td><td>5</td><td colspan="2">地形地貌丰富，山体植物丰富</td><td></td><td></td></tr>
<tr><td>4</td><td colspan="2">地形地貌丰富，山体植物较丰富</td><td></td><td></td></tr>
<tr><td>3</td><td colspan="2">地形地貌较丰富，山体植物较丰富</td><td></td><td></td></tr>
<tr><td>2</td><td colspan="2">地形地貌较丰富，山体植物单一</td><td></td><td></td></tr>
<tr><td>1</td><td colspan="2">地形地貌单一，山体植物单一</td><td></td><td></td></tr>
<tr><td rowspan="5">水体景观生态性</td><td>5</td><td colspan="2">水体无污染，水体清澈、水边植物生长茂盛</td><td></td><td></td></tr>
<tr><td>4</td><td colspan="2">水体无污染，水体清澈、水边植物生长较茂盛</td><td></td><td></td></tr>
<tr><td>3</td><td colspan="2">水体少量污染，水体较清澈、水边植物生长较茂盛</td><td></td><td></td></tr>
<tr><td>2</td><td colspan="2">水体部分污染，水体较清澈、水边植物生长较茂盛</td><td></td><td></td></tr>
<tr><td>1</td><td colspan="2">水体污染，水体不清澈、水边植物生长不好</td><td></td><td></td></tr>
</table>

续表

<table>
<tr><th>功能指标</th><th>赋值</th><th colspan="2">标　　准</th><th>√或×</th><th>建　议</th></tr>
<tr><td rowspan="5">水体景观观赏性</td><td>5</td><td colspan="2">水体驳岸线丰富，水边植物等景观丰富</td><td></td><td></td></tr>
<tr><td>4</td><td colspan="2">水体驳岸线丰富，水边植物等景观较丰富</td><td></td><td></td></tr>
<tr><td>3</td><td colspan="2">水体驳岸线较丰富，水边植物等景观较丰富性</td><td></td><td></td></tr>
<tr><td>2</td><td colspan="2">水体驳岸线和水边植物等景观的丰富性一般</td><td></td><td></td></tr>
<tr><td>1</td><td colspan="2">水体驳岸线不丰富，水边植物等景观不丰富</td><td></td><td></td></tr>
<tr><td rowspan="5">植物季相性</td><td>5</td><td colspan="2">植物造景美观，季相丰富</td><td></td><td></td></tr>
<tr><td>4</td><td colspan="2">植物造景美观，季相较丰富</td><td></td><td></td></tr>
<tr><td>3</td><td colspan="2">植物较造景美观，季相较丰富</td><td></td><td></td></tr>
<tr><td>2</td><td colspan="2">植物造景美观性一般，季相性一般</td><td></td><td></td></tr>
<tr><td>1</td><td colspan="2">植物较造景不美观，季相不丰富</td><td></td><td></td></tr>
<tr><td rowspan="5">植物覆盖率</td><td>5</td><td>＞80％</td><td rowspan="5">乡村植物的投影面积占乡村总面积的百分比</td><td></td><td></td></tr>
<tr><td>4</td><td>70％～80％</td><td></td><td></td></tr>
<tr><td>3</td><td>60％～70％</td><td></td><td></td></tr>
<tr><td>2</td><td>50％～60％</td><td></td><td></td></tr>
<tr><td>1</td><td>＜50％</td><td></td><td></td></tr>
<tr><td rowspan="5">文化吸引力</td><td>5</td><td>很高</td><td rowspan="5">文化吸引力是当地具有鲜明的文化特色、生活气息浓厚、村民朴实热情，具有强烈的吸引力</td><td></td><td></td></tr>
<tr><td>4</td><td>高</td><td></td><td></td></tr>
<tr><td>3</td><td>较高</td><td></td><td></td></tr>
<tr><td>2</td><td>中</td><td></td><td></td></tr>
<tr><td>1</td><td>低</td><td></td><td></td></tr>
<tr><td rowspan="5">文化本土性</td><td>5</td><td>很高</td><td rowspan="5">文化本土性是指文化具有鲜明的地方特色</td><td></td><td></td></tr>
<tr><td>4</td><td>高</td><td></td><td></td></tr>
<tr><td>3</td><td>较高</td><td></td><td></td></tr>
<tr><td>2</td><td>中</td><td></td><td></td></tr>
<tr><td>1</td><td>低</td><td></td><td></td></tr>
</table>

参考文献

［1］ 阿摩斯·拉普卜特. 宅形与文化［M］. 常青，徐箐，李颖春，等. 译. 北京：中国建筑工业出版社，2007.

［2］ 伯纳德·鲁道夫斯基. 没有建筑师的建筑［M］. 高军，译. 天津：天津大学出版社，2011.

［3］ 陈兴中，周介明. 中国乡村地理［M］. 成都：四川科学技术出版社，1989.

［4］ 陈志华. 楠溪江中游古村落［M］. 北京：清华大学，1999.

［5］ 陈志华. 乡土建筑保护论纲［J］. 文物建筑，2007，12（31）：130-135.

［6］ 陈英瑾. 乡村景观特征评估与规划［D］. 北京：清华大学，2012.

［7］ 陈潇玮. 浙北地区城郊乡村产业与空间一体化模式研究［D］. 杭州：浙江大学，2017.

［8］ 陈威. 景观新农村：乡村景观规划理论与方法［M］. 北京：中国电力出版社，2007.

［9］ 陈颖，黄承峰. AHP与模糊评价法在高速公路人文景观评价中的应用［J］. 环境保护科学，2007，33（3）：17-25.

［10］ 陈彪. 心理学与宗教：奥尔波特思想研究［D］. 北京：中国人民大学，2008.

［11］ 车震宇. 现代设计方法论与乡土建筑的“过程”［J］. 新建筑，1998，5（22）：13-16.

［12］ 戴志坚. 中国民居建筑［M］. 北京：中国建筑工业出版社，2009.

［13］ 段进. 世界文化遗产西递乡村空间解析［M］. 南京：东南大学出版社，2006.

［14］ 丁新军，田菲. 世界文化遗产旅游地生命周期与旅游驱动型城镇化研究——基于山西平遥古城案例［J］. 城市发展研究，2014，5（26）：143-146.

［15］ 费孝通. 江村经济［M］. 北京：北京大学出版社，2016.

［16］ 费孝通. 乡土中国［M］. 北京：北京大学出版社，2016.

［17］ 高宁，华晨. 多功能农业与乡村地区发展［J］. 小城镇建设，2012（4）：84-88.

［18］ 郜红娟，韩会庆，罗绪强. 中国西南山区公路沿线乡村聚落景观格局演变［J］. 地域研究与开发，2016，6（10）：141-145.

［19］ 盖迪斯. 进化中的城市——城市规划与城市研究导论［M］. 李浩，吴骏莲，叶冬青，等，译. 北京：中国建筑工业出版社，2012.

［20］ 黄家瑾，邱灿红. 湖南传统民居［M］. 长沙：湖南大学出版社，2006.

［21］ 黄斌. 闽乡村景观规划研究［D］. 福州：福建农林大学，2012.

［22］ 黄震方，陆林，苏勤，等. 新型城镇化背景下的乡村旅游发展——理论反思与困境突破［J］. 地理研究，2015，08（15）：5-17.

［23］ 黄欣. 南方山地住区低碳规划要素研究［D］. 重庆：重庆大学，2015.

［24］ 洪惠坤，谢德体，郭莉滨，等. 多功能视角下的山区乡村空间功能分异特征及类型划分［J］. 生态学报，2016（8）：274-286.

［25］ 贺勇. 适宜性人居环境研究——“基本人居生态单元”的概念与方法［D］. 杭州：浙江大学，2004.

［26］ 胡正凡，林玉莲. 环境心理学：环境行为研究及其设计应用［M］. 北京：中国建筑工业出版社，2012.

［27］ 金其铭，刘之浩. 试论乡村文化景观的类型及其演化［J］. 南京师范大学学报（自然科学版），1999，22（4）：121-128.

［28］ 金其铭. 农村聚落地理［M］. 南京：南京师范大学出版社，1999.

[29] 金其铭. 我国农村聚落地理研究历史及近今趋向 [J]. 地理学报, 1988, 8 (28): 311-317.
[30] 金日学, 周博生. 从人地互动角度分析苏北地区乡村聚落的演变 [J]. 小城镇建设, 2016, 9 (7): 75-80.
[31] 蒋高宸. 云年民居住屋文化 [M]. 昆明: 云南大学出版社, 2016.
[32] 凯文·林奇. 城市意象 [M]. 方益萍, 何晓军, 译. 北京: 华夏出版社, 2001.
[33] 克里斯塔勒. 德国南部中心地原理 [M]. 常正文, 王兴中, 译. 北京: 商务印书馆, 2010.
[34] 徐美, 刘春腊, 陈建设, 等. 旅游意象图: 基于游客感知的旅游景区规划新设想 [J]. 旅游学刊, 2012, 4 (6): 23-29.
[35] 刘滨谊, 王云才. 论中国乡村景观评价的理论基础与指标体系 [J]. 中国园林, 2002, 18 (5): 76-79.
[36] 刘滨谊. 现代景观规划设计 [M]. 南京: 东南大学出版社, 2005.
[37] 刘滨谊. 人居环境研究方法与应用 [M]. 北京: 中国建筑工业出版社, 2016.
[38] 刘玉, 刘彦随. 乡村地域多功能的研究进展与展望 [J]. 中国人口资源与环境, 2012, 22 (10) 164-169.
[39] 刘修娟, 吕红医, 许根根. 山东黄河下游地区传统民居调查研究 [J]. 中外建筑, 2015, 2 (1): 50-53.
[40] 刘致平. 中国居住建筑简史 [M]. 北京: 中国建筑工业出版社, 2000.
[41] 刘敦桢. 西南古建筑调查概况 [M]. 北京: 中国建筑工业出版社, 1987.
[42] 刘敦桢. 中国住宅概况 [M]. 北京: 中国建筑工业出版社, 1987.
[43] 刘加平. 城市环境物理 [M]. 北京: 中国建筑工业出版社, 2011.
[44] 刘黎明. 景观分类的研究进展与发展趋势 [J]. 应用生态学报, 2011, 6 (15): 256-262.
[45] 刘黎明. 乡村景观规划 [M]. 北京: 中国农业大学出版社, 2003.
[46] 刘黎明, 李振鹏, 马俊伟. 城市边缘区乡村景观生态特征与景观生态建设探讨 [J]. 中国人口资源与环境, 2006, 16 (3) 76-81.
[47] 刘玮, 张云路, 李雄. 乡村地域景观规划个案研究 [J]. 中国城市林业, 2017, 4 (26): 35-37.
[48] 刘文平, 宇振荣. 北京市海淀区景观特征类型识别及评价 [J]. 生态学杂志, 2016, 4 (25): 38-44.
[49] 林若琪, 蔡运龙. 转型期乡村多功能性及景观重塑 [J]. 人文地理, 2012, 4 (15): 45-49.
[50] 林箐, 王向荣. 地域特征与景观形式 [J]. 中国园林, 2005, 6 (25): 16-24.
[51] 林箐. 乡村景观的价值与可持续发展途径 [J]. 风景园林, 2016, 8 (25): 27-37.
[52] 李翅, 吴培阳. 产业类型特征导向的乡村景观规划策略探讨——以北京市海淀区温泉村为例 [J]. 风景园林, 2017, 4 (25): 41-49.
[53] 李玉新. 乡村旅游生态化程度评价体系的构建与应用 [J]. 西南民族大学学报人文社科版, 2010, 31 (7) 219-222.
[54] 李秋香. 浙江民居 [M]. 北京: 清华大学出版社, 2010.
[55] 李晓峰. 乡土建筑——跨学科研究理论与方法 [M]. 北京: 中国建筑工业出版社, 2005.
[56] 李岳岩. 探索具有地域特色的建筑教育之路——从中国西部建筑教育谈起 [J]. 建筑与文化, 2007, 6 (18): 59-60.
[57] 李晓峰. 多维视野中的中国乡土建筑研究——当代乡土建筑跨学科研究理论与方法 [D]. 南京: 东南大学, 2004.
[58] 李红波, 张小林. 国外乡村聚落地理研究进展及近今趋势 [J]. 人文地理, 2012, 4 (5): 103-108.
[59] 逯海勇, 胡海燕. 鲁中山区传统民居保护的现实困境调查和思考 [J]. 中外建筑, 2016, 9 (1): 56-59.

[60] 逯海勇，胡海燕．鲁中山区传统民居形态及地域特征分析［J］．华中建筑，2017，4（10）：84-89.

[61] 欧阳文．具有地方特色的新农村住宅设计初探［J］．建筑与文化，2010，7（26）：22-25.

[62] 彭一刚．传统村镇聚落景观分析［M］．北京：中国建筑工业出版社，1992.

[63] 裴相斌．从景观学到景观生态学［M］．北京：中国林业出版社，1991.

[64] 邱云美．乡村养生旅游发展研究［J］．农业经济，2015，3（15）：46-48.

[65] 邱云美．基于价值工程的生态旅游资源评价研究——以浙江省丽水市为例［J］．自然资源学报，2009，12（15）：124-134.

[66] 宋金平．聚落地理专题［M］．北京：北京师范大学出版社，2001.

[67] 申明锐，张京祥．新型城镇化背景下的中国乡村转型与复兴［J］．城市规划，2015，1（9）：32-36.

[68] 时培文．美丽乡村建设背景下的乡村景观设计——以商洛山阳县板庙村为例［J］．艺术评鉴，2017，8（30）：170-176.

[69] 孙炜玮．基于浙江地区的乡村景观营建的整体方法研究［D］．杭州：浙江大学，2014.

[70] 肖笃宁，李秀珍．当代景观生态学的进展和展望［J］．地理科学，1997，17（4）：356-364 .

[71] 谭岚．山地城镇聚落空间初探［J］．小城镇建设，2004，3（7）：26-32.

[72] 藤井明．聚落探访［M］．宁晶，译．北京：中国建筑工业出版社，2003.

[73] 田万顷．中国农村城镇化与乡村地理学研究进展［J］．粮食科技与经济，2011，1（15）：19-21.

[74] 王云才，孟晓东，邹琴．传统村落公共开放空间图式语言及应用［J］．中国园林，2016，11（10）：51-55.

[75] 王云才，许春霞，郭焕成．论中国乡村旅游发展的新趋势［J］．干旱区地理，2005，12（30）：863-868.

[76] 王云才，刘滨谊．论中国乡村景观及乡村景观规划［J］．中国园林，2003，19（1）：55-58.

[77] 王南希，陆琦．乡村景观价值评价要素及可持续发展方法研究［J］．风景园林，2015，12（25）：74-79.

[78] 王景慧．城市历史文化遗产保护的政策与规划［J］．城市规划，2004，10（9）：36-42.

[79] 王景慧，阮仪三，王林．历史文化名城保护理论与规划［M］．上海：同济大学出版社，1999.

[80] 王建辉．浙江省山地丘陵城镇体系、城镇空间形态特征研究［D］．杭州：浙江大学，2007.

[81] 王向荣．自然与文化视野下的中国国土景观多样性［J］．中国园林，2016，9（10）：33-42.

[82] 王竹．从原生走向可持续发展地区建筑学解析与建构［J］．新建筑，2004，2（20）：46-48.

[83] 王竹，项越，吴盈颖．共识、困境与策略——长三角地区低碳乡村营建探索［J］．新建筑，2016，8（1）：35-41.

[84] 王敏，侯晓辉，王洁．生态——审美双目标体系下的乡村景观风貌规划：概念框架与实践途径［J］．风景园林，2017，6（25）：95-104.

[85] 邬建国．景观生态学：格局、过程、尺度与等级［M］．北京：高等教育出版社，2007.

[86] 魏挹澧，方咸孚，王齐凯，等．湘西城镇与风土建筑［M］．天津：天津大学出版社，1995.

[87] 温莹蕾．文化空间理论视角下的乡村发展路径探索——以山东省章丘市朱家峪村为例［J］．城市发展研究，2016，2（26）：64-70.

[88] 吴必虎，徐小波．传统村落与旅游活化：学理与法理分析［J］．扬州大学学报（人文社会科学版），2017，1（3）：6-22.

[89] 谢花林，刘黎明．乡村景观评价研究进展及其指标体系初探［J］．生态学杂志，2003，12（11）：97-101.

[90] 谢花林，刘黎明，赵英伟．乡村景观评价指标体系与评价方法研究［J］．农业现代化研究，2003，24（2）：95-102.

[91] 谢花林，刘黎明，龚丹. 乡村景观美感效果评价指标体系及其模糊综合评判——以北京市海淀区温泉镇白家疃村为例 [J]. 中国园林，2003 (1)：59-61.
[92] 谢志晶，卞新民. 基于 AVC 理论的乡村景观综合评化江苏农业科学 [J]. 2011 (39)：266-269.
[93] 谢敏，王一鸣，栗燕. 传统乡村地域文化景观保护研究 [J]. 浙江农业科学，2016，08 (11)：59-61.
[94] 徐姗，黄彪，刘晓明，等. 从感知到认知——北京乡村景观风貌特征探析 [J]. 风景园林，2013，8 (25)：73-80.
[95] 熊培云. 一个村庄里的中国 [M]. 北京：新星出版社，2011.
[96] 席丽莎. 现代艺术与设计关系研究 [D]. 天津：天津大学，2008.
[97] 肖禾. 不同尺度乡村生态景观评价与规划方法研究 [D]. 北京：中国农业大学，2014.
[98] 余慧容. 快速城镇化背景下的乡村景观保护机制与模式 [D]. 北京：中国农业大学，2017.
[99] 于东明. 鲁中山区乡村景观演变研究 [D]. 泰安：山东农业大学，2011.
[100] 俞孔坚，李迪华，韩西丽，等. 新农村建设规划与城市扩张的景观安全格局途径——以马岗村为例 [J]. 城市规划学刊，2006，9 (30)：38-45.
[101] 俞孔坚. 理想景观探源：风水的文化意义 [M]. 北京：中国建筑工业出版社，2004.
[102] 俞孔坚. 定位当代景观设计学 [M]. 北京：中国建筑工业出版社，2006.
[103] 燕宁娜. 宁夏西海固地区乡村聚落特征研究 [J]. 中国名城，2016，9 (5)：89-93.
[104] 杨知杰. 上海乡村聚落景观的调查分析与评价研究 [D]. 上海交通大学，2009.
[105] 杨忍，刘彦随，龙花楼. 基于格网的农村居民点用地空间指向性的地理要素识别 [J]. 地理研究，2015，34 (6)：1077-1087.
[106] 杨锐. 国家公园与自然保护地研究 [M]. 北京：中国建筑工业出版社，2016.
[107] 袁泽敏，施维. 浅谈 AHP 层次分析法在城市公共空间特质评价中的运用 [J]. 价值工程，2016，2 (8)：61-63.
[108] 约翰·O·西蒙兹. 大地景观：环境规划设计手册 [M]. 程里尧，译. 北京：中国水利水电出版社，2008.
[109] 郑文俊. 乡村景观美学质量评价 [J]. 福建林业科技，2013，40 (1)：148-153.
[110] 郑文俊. 旅游视角下乡村景观价值认知与功能重构——基于国内外研究文献的梳理 [J]. 地域研究与开发，2013，32 (1)：102-106.
[111] 郑文俊，周志翔. 可持续乡村旅游的基本特征及实现途径 [J]. 生态经济，2007，9 (15)：129-132.
[112] 周尚意. 文化与地方发展 [M]. 北京：科学出版社，2000.
[113] 周若祁. 绿色建筑 [M]. 北京：中国计划出版社，1999.
[114] 周心琴，陈丽. 近年我国乡村景观研究进展 [J]. 地理与地理信息科学，2005，21 (2)：77-81.
[115] 曾菊新. 现代城乡网络化发展模式 [M]. 北京：科学出版社，2001.
[116] 章俊华. 规划设计学中的调查分析法——AHP 法 [J]. 中国园林，2003，5 (25)：37-40.
[117] 钟学斌，喻光明，张敏，等. 丘陵山区土地利用的景观空间格局与农业景观生态设计 [J]. 山地学报，2008，26 (4)：473-480.
[118] 翟飞. 博山陶瓷文化与民居建筑的融合及演变 [D]. 青岛：青岛理工大学，2011.
[119] 张群，石嘉怡. 天水地区乡村居住建筑热环境调查与优化 [J]. 西安科技大学学报，2017，7 (31)：102-108.
[120] 张晓虹. 文化区域的分异与整合 [M]. 上海：上海书店出版社，2004.
[121] 张甜，刘焱序，王仰麟. 恢复力视角下的乡村空间演变与重构 [J]. 生态学报，2016，8 (30)：6-16.
[122] 张萍，吕红医. 豫北山地民居形态考察 [J]. 华中建筑，2014，4 (10)：132-136.

[123] 张可欣，孙成武. 鲁中山区地形对山东区域气候影响的敏感性试验 [J]. 中国农业气象，2009，11 (20)：30 - 35.

[124] 张清平. 华人十大科学家：竺可桢 [M]. 郑州：河南文艺出版社，2012.

[125] 张永利，张宪强. 鲁中山区植物区系初步研究 [J]. 山东林业科技，2005，2 (28)：3 - 6.

[126] 张祥永，于鲸，黄佩珊. 生态文明建设视域下海南传统村落景观特征与文化传承研究 [J]. 环境与可持续发展，2017，3 (30)：57 - 60.

[127] 张小林，盛明. 中国乡村地理学研究的重新定向 [J]. 人文地理，2002，17 (1)：81 - 84.

[128] 张茜. 村镇景观特征与质量评价方法及应用研究 [D]. 北京：中国农业大学，2016.

[129] 张中华，张沛. 地方理论：城市空间发展的再生理论 [J]. 城市发展研究，2012，1 (26)：60 - 65.

[130] 张琳. 旅游视角下的乡村景观特征及规划思考——以云南元阳阿者科村为例 [J]. 风景园林，2017，5 (25)：87 - 93.

[131] 张晓燕. "美丽乡村"背景下的乡村景观营造——以固安县东李村景观设计为例 [J]. 美术观察，2017，8 (15)：98 - 99.

[132] Arriaza M，Canas J F. Assessing the visual quality of rural landscapes [J]. Landscape and Urban Planning，2004，6 (15)：115 - 125.

[133] Ammon F. The potential effect of national growth - management policy on urban plan land the depletion of open spaces and farm land [J]. Land Use Policy，2004，21 (4)：357 - 369.

[134] Ahern J. Planning for an extensive open space system：Linking landscape structure and function [J]. Landscape & Urban Planning，1991，21 (1 - 2)：131 - 145.

[135] Agnoletti M，Agnoletti M. The conservation of cultural landscapes [M]. CABI，2006.

[136] Arriaza M，Canas - Ortega J F，Canas - Madueno J A，et al. Assessing the visual quality of rural landscapes [J]. Landscape & Urban Planning，2004，69 (1)：115 - 125.

[137] Bojnec S，Latruffe L. Farm size，agricultural subsidies and farm performance in Slovenia [J]. Land Use Policy，2013，32 (3)：207 - 217.

[138] Burkhard K F，Nedko S，et al. Mapping ecosystem service supply，demand and budgets [J]. Ecological Indicators，2012，21 (2)：17 - 29.

[139] Chan K M，Shaw M R，Cameron D R，et al. Conservation planning for ecosystem services [J]. Plos Biology，2006，4 (11)：372 - 379.

[140] Clayton S，Myers G. Conservation psychology：Understanding and promoting human care for nature [J]. The Quarterly Review of Biology，2009，85 (4)：494 - 460.

[141] Duncan J. The city as text：the politics of landscape interpretation in the Kandy an kingdom [M]. Cambridge：Cambridge University Press，2016.

[142] Dorresteijin I，Hartel T，et al. The conservation value of traditional rural landscapes：The case of Woodpeckers in Transylvania，Romania [J]. Plos One，2013，8 (6)：36 - 42.

[143] Egoh B，Reyers B，Rouget M，et al. Mapping ecosystem services for planning and management [J]. Agriculture Ecosystems &Environment，2008，127 (1)：135 - 140.

[144] Forman R T T. Some general principles of landscape and regional ecology [J]. Landscape Ecology，1995，10 (3)：133 - 142.

[145] Forman R T T，Gadron M. Landscape Ecology [M]. New York：John Wiley & Sons，1986.

[146] Flint C G，Kunze I，Muhar A. et al. Exploring empirical typologies of human - nature relationships and linkages to the ecosystem services concept [J]. Landscape & Urban Planning，2013，120 (8)：208 - 217.

[147] Gobster P H. Nassauer J I，et al. The shared landscape：What does aesthetics have to do with ecol-

ogy [J]. Landscape Ecology, 2007, 22 (7): 959-972.

[148] Goodey B. In methods of environmental impact assessment [M]. London: Oxford Brooks University UCL Press, 1995.

[149] Gulinck H. A Frame work for comparative landscape an alysis and evaluation based on land cover data, with an application in the Madrid Region (Spain) [J]. Landscape and Urban Planning, 2001, 55 (6): 257-270.

[150] Groot M D, Drenthen M, Groot W T D. Public visions of the human/nature relationship and their implications for environmental ethics [J]. Environmental Ethics, 2011, 33 (1): 25-44.

[151] Gobster P H, Nassauer J I, Daniel T C, etal. The shared landscape: What does aesthetics have to do with ecology [J]. Landscape Ecology, 2007, 22 (7): 959-972.

[152] Hannes P, Uloyg M, Aarne L. Landscape diversity changes in Estonia [J]. Landscape and Urban Planning, 1998, 41 (4): 163-169.

[153] Holmes J. Impulses towards a multifunctional transition in rural Australia: Gaps in the research agenda [J]. Journal of Rural Studies, 2006, 22 (2): 142-160.

[154] Janes F. Stability of landscape perceptions in the face of landscape change [J]. Landscape and Urban Planning, 1997, 37 (2): 109-113.

[155] Lsabelle P, Sabin E. Dynamics of rural landscape and their main driving factors [J]. Landscape and Urban Planning, 1997, 38 (2): 93-103.

[156] Linehan J, Gross M, Finn J. Greenway planning: developing a landscape ecological network approach [J]. Landscape & Urban Planning, 1995, 33 (1): 179-193.

[157] Lipsky Z. The changing face of rural landscape [J]. Landscape and Urban Planning, 1995, 31 (1): 39-45.

[158] Lokocz E. Motivations for land protection and stewardship: Exploring place attachment and rural landscape character in Massachusetts [J]. Landscape & Urban Planning, 2011, 99 (2): 65-76.

[159] Li H, Reynolds J F. On definition and quantification of heterogeneity [J]. Oikos, 1995, 73 (2): 280-284.

[160] Naveh Z. Inter action of landscape culture [J]. Landscape and Urban Planning, 1995, 32 (1): 43-54.

[161] Pickett S T A, Rogers K H. Patch dynamics: The transformation of landscape structure and function [J]. Springer New York, 1997, 12 (10): 101-127.

[162] Paquette S, Domon G. Trends in rural landscape and sociodemographic recomposition in southern Quebee (Canada) [J]. Landscape and Planning, 2001, 55 (4): 215-238.

[163] Paquette S, Domon G. Changing ruralitie, changing landscapes: exploring social recom position using a multi-scale approach [J]. Journal of Rural Studies, 2003, 19 (9): 425-444.

[164] Pintocorreia T. Future development in Portuguese rural areas: How to manage agricultural support for landscape conservation [J]. Landscape & Urban Planning, 2000, 50 (1): 95-106.

[165] Plieninger T, Bieling C, Fagerholm N, etal. The role of cultural ecosystem services in landscape management and planning [J]. Current Opinion in Environmental Sustainability, 2015, 14: 28-33.

[166] Peter J, James P. Sustaining open space benefits in the Northeast: an evaluation of the conservation reserve program [J]. Journal of Environmental Economics and Management, 1997, 32 (1): 85-94.

[167] Roberts B K. Landscapes of settlement: prehistory to the present [M]. London: Rutledge, 1996.

[168] Robert L. Preserving rural character in New England: local residents' perceptions of alternative

residential development [J]. Landscape and Urban Planning, 2002, 61 (1): 19-35.

[169] Robert B, Richard E. Group differences in the enjoy ability of driving through rural landscapes [J]. Landscape and Urban Planning, 2015, 47 (1): 39-45.

[170] Renting H, Rossing W A, Groot J C, et al. Exploring multifunctional agriculture. A review of conceptual approaches and prospects for an integrative transitional framework [J]. Journal of Environmental Management, 2009, 90 (2): 112-114.

[171] Ruzicka M, Miklos L. Landscape - Ecological Planning (LANDEP) in the process of territorial planning [M]. Ekologia Cssr Casopis Pre Ekologicke Problemy Biosfery, 1982.

[172] Raymond C M, Reed M, Bieling C, et al. Integrating different understandings of landscape stewardship into the design of agri - environmental schemes [J]. Environmental Conservation, 2016, 43 (4): 350-358.

[173] Ruiz J, Domon G. Relationships between rural inhabitants and their landscapes in areas of intensive agricultural use: A case study in Quebec (Canada) [J]. Journal of Rural Studies, 2012, 28 (4): 590-602.

[174] Ruda G. Rural buildings and environment [J]. Landscape and Urban Planning, 1998, 41 (2): 93-97.

[175] Schultz P W. Inclusion with nature: The psychology of human - nature relations [M]. Springer US, 2002.

[176] Salmon E. Kincentric ecology: Indigenous perceptions of the human - nature relationship [J]. Ecological Applications, 2000, 10 (5): 1327-1332.

[177] Soga M, Gaston K J. Extinction of experience: The loss of human - nature interactions [J]. Frontiers in Ecology & the Environment, 2016, 14 (2): 94-101.

[178] Tallis H. Mapping and valuing ecosystem services as an approach for conservation and natural - resource management [J]. Annals of the New York Academy of Sciences, 2009, 1162 (1): 265-283.

[179] Turner M G, Gardner R H, O'Neill R V. Landscape Ecology in theory and practice [M]. Springer New York, 2001.

[180] Verburg F H, Steeg J V D, et al. From land cover change to land fiction dynamics: A major challenge to improve land characterization [J]. Journal of Environmental Mangement, 2008, 6 (15): 27-35.

[181] Willemen L, Verburg P H, Hein L, et al. Spatial characterization of landscape functions [J]. Landscape & Urban planning, 2008, 6 (15): 34-43.